Android APP
开发实战

强增　编著

人 民 邮 电 出 版 社
北 京

图书在版编目（CIP）数据

Android APP开发实战 : 从规划到上线全程详解 / 强增编著. -- 北京 : 人民邮电出版社, 2018.6
ISBN 978-7-115-47230-4

Ⅰ. ①A… Ⅱ. ①强… Ⅲ. ①移动终端－应用程序－程序设计 Ⅳ. ①TN929.53

中国版本图书馆CIP数据核字(2017)第278625号

内容提要

本书详尽地介绍了APP从规划到上线过程中所涉及的各方面知识，包括产品规划和原型设计、效果图设计、切图和尺寸标注、APP与服务器间的协作、字符编码、网络、多媒体、数据加密、设计模式、APP架构设计、APP功能开发、APP性能优化、开发工具的使用、APP测试和项目管理等。本书帮助读者开阔眼界，且能够以更专业和高效的方式完成APP的开发，适合新APP工程师作为开发参考。

◆ 编　　著　强　增
责任编辑　赵　轩
责任印制　焦志炜
◆ 人民邮电出版社出版发行　　北京市丰台区成寿寺路11号
邮编　100164　　电子邮件　315@ptpress.com.cn
网址　http://www.ptpress.com.cn
固安县铭成印刷有限公司印刷
◆ 开本：800×1000　1/16
印张：20　　2018年6月第1版
字数：516千字　　2025年2月河北第4次印刷

定价：69.00元

读者服务热线：(010)81055410　印装质量热线：(010)81055316
反盗版热线：(010)81055315

前言

PREFACE

随着移动互联网的兴起，各行各业对移动应用的需求越来越大，从事APP开发的人也越来越多，APP开发行业可以说是方兴未艾。APP开发是比较复杂的事情，涉及产品、美工设计、服务器端开发、Android/iOS开发、软件测试和项目管理等各方面。这些方面都是相互关联的，如果要做好一个APP，需要对上述各方面都有所了解。

目前介绍APP开发的书籍很多，大都局限于某一方面，内容不够全面，并且许多书籍偏于理论，与实际联系不紧密。国内外市面上大多数的Android开发类图书，基本上可以分为两类：一类是从系统内核和源代码入手，书的内容重在分析Android各个模块的运行机制，深入理解系统肯定对应用开发者有好处，但很多时候并不是那么实用；另一类是标准教程，基本内容与Android官方文档类似，围绕API的用法就事论事地讲解，这类书在写法、教学思路和实例上虽然各有千秋，但在实际工作中就会发现还远远不够。

在实际工作中，笔者接触了许多从别的行业转行从事APP开发或从事APP开发一两年的人员，发现许多人对APP开发的基础知识不甚了解，需要关注的地方都没有考虑到，导致在开发APP的过程中犯了许多低级错误，而这些本来是可以避免的；而在APP开发行业中，从事APP开发一两年的人员又是占了绝大多数。在许多创业型的小公司里，也没有专职的产品、美工和测试人员，往往要求Android/iOS开发人员做到一专多能、身兼数职。

有感于此，笔者想写一本面向初级读者且全面介绍APP开发的书。与上述两类书都不同，本书完全从实战出发，以从零开始规划一款APP至APP上线这个过程为主线，介绍整个过程中所涉及的知识，而不局限于某一方面。这样一来，读者将对APP开发的相关知识有一个全面的了解，进而以更专业的方式完成APP的开发。

本书是从多个实际项目中获得的经验总结，可以使读者在开发APP的过程中少犯低级错误，减少可能遇到的各种问题，从而提高开发效率。

本书的章节编排贴合实际项目，具体内容如下所述。

- 第1章：介绍开发APP前的准备事项。
- 第2章：介绍APP产品和设计人员的工作（产品原型设计、效果图设计和切图等）。
- 第3章：讲解APP端和服务器端的协作（接口设计、数据安全方案、数据同步方案和登录状态的维持）。

- 第 4 章～第 9 章：讲解字符编码、网络（TCP/IP、Socket、HTTP/HTTPS、Cookie 和 Session）、数据加密和设计模式等知识。
- 第 10 章～第 11 章：介绍 APP 架构设计。
- 第 12 章～第 24 章：详解 Android 开发（四大组件、Fragment、权限功能、动画实现、矢量图的使用、异常处理、本地存储、ABI 管理和混淆功能）。
- 第 25 章～第 32 章：涵盖 Android Studio 的使用技巧、APP 的缓存设计、APP 的性能优化、APP 的 Log 功能设计、APP 的版本管理、APP 版本升级功能设计、APP 常用功能设计和代码封装。
- 第 33 章：介绍 APP 测试。
- 第 34 章：介绍 APP 项目管理。
- 第 35 章：讲解 Git 的使用。

资源与支持

本书由异步社区出品，社区（https://www.epubit.com/）为您提供相关资源和后续服务。

配套资源

本书提供如下资源：

- 本书配套资源请到异步社区的本书购买页面中下载。

要获得以上配套资源，请在异步社区本书页面中点击 配套资源 ，跳转到下载界面，按提示进行操作即可。注意：为保证购书读者的权益，该操作会给出相关提示，要求输入提取码进行验证。

提交勘误

作者和编辑尽最大努力来确保书中内容的准确性，但难免还会存在疏漏。欢迎您将发现的问题反馈给我们，帮助我们提升图书的质量。

当您发现错误时，请登录异步社区，搜索到本书页面，点击“提交勘误”，输入相关信息，单击“提交”按钮即可。本书的作者和编辑会对您提交的勘误进行审核，确认并接受后，您将获赠异步社区的 100 积分。积分可用于在异步社区兑换优惠券，或者用于兑换样书或奖品。

详细信息 写书评 提交勘误

页码： 页内位置（行数）： 勘误印次：

字数统计

提交

扫码关注本书

扫描下方二维码，您将会在异步社区微信服务号中看到本书信息及相关的服务提示。

与我们联系

我们的联系邮箱是 contact@epubit.com.cn。

如果您对本书有任何疑问或建议，请您发邮件给我们，并请在邮件标题中注明本书书名，以便我们更高效地做出反馈。

如果您有兴趣出版图书、录制教学视频，或者参与图书翻译、技术审校等工作，可以发邮件给我们，或者到异步社区在线提交投稿（直接访问 www.epubit.com/selfpublish/submission 即可）。

如果您是学校、培训机构或企业，想批量购买本书或异步社区出版的其他图书，也可以发邮件给我们。

如果您在网上发现有针对异步社区出品图书的各种形式的盗版行为，包括对图书全部或部分内容的非授权传播，请您将怀疑有侵权行为的链接发邮件给我们。您的这一举动是对作者权利的保护，也是我们持续为您提供有价值的内容的动力之源。

关于异步社区和异步图书

“异步社区”是人民邮电出版社旗下 IT 专业图书社区，致力于出版精品 IT 技术图书和相关学习产品，为作译者提供优质出版服务。社区创办于 2015 年 8 月，提供超过 1000 种图书、近千种电子书，以及众多技术文章和视频课程。更多详情请访问异步社区官网 https://www.epubit.com。

“异步图书”是由异步社区编辑团队策划出版的精品 IT 专业图书的品牌，依托于人民邮电出版社近 30 年的计算机图书出版积累和专业编辑团队，相关图书在封面上印有异步图书的 LOGO。异步图书的出版领域包括软件开发、大数据、AI、测试、前端、网络技术等。

目录

CONTENTS

第1章　开发APP前的准备事项

开发 APP 前，除了竞品分析和项目组搭建外，还有以下事项需要确定。

1.1　APP适配的硬件

大多数用户主要是将 PAD 用于娱乐、教育或企业办公。对于游戏、视频播放、图形图像处理、阅读、教育或企业办公等类型的 APP，建议适配手机和 PAD。电商或理财等类型的 APP 建议只适配手机。

随着硬件性能和网速的提高，使用 PAD 的用户越来倾向于直接打开相关的网站，而不愿去下载应用，以免频繁升级应用。因此在开发 APP 的时候，为节约资源，加快开发进度，可以先开发网站和手机版本的 APP，最后再开发 PAD 版本的 APP。

1.2　APP横竖屏界面的选择

目前大部分 PAD 的尺寸都是大于等于 7.9 英寸，对于 PAD 版本的应用可以只考虑开发横屏界面，不用考虑竖屏界面。还有一部 分 PAD 的尺寸在 7 英寸左右，对于这类 PAD，可以考虑直接让用户使用手机版本的 APP（如果一个 APP 在 6 英寸的手机上使用，没有界面问题，那在 7 英寸的 PAD 上通常也可以正常使用）。

对于手机版本的应用：游戏、视频播放、图形图像处理、阅读、教育或企业办公等类型的 APP 建议支持横屏和竖屏；电商或理财等类型的 APP 可以只支持竖屏。

1.3　APP适配的操作系统版本

iOS APP 建议适配 iOS 8.0 以上版本，Android APP 建议适配 Android 4.2 以上版本，可以根据 Apple 和 Google 提供的各版本系统占有率的统计数据做实时调整。使用 Android Studio 新建工程时，在图 1-1 所示的界面，单击“Help me choose”链接，显示如图 1-2 所示的界面，列出了 Android 系统各版本的市场占有率。

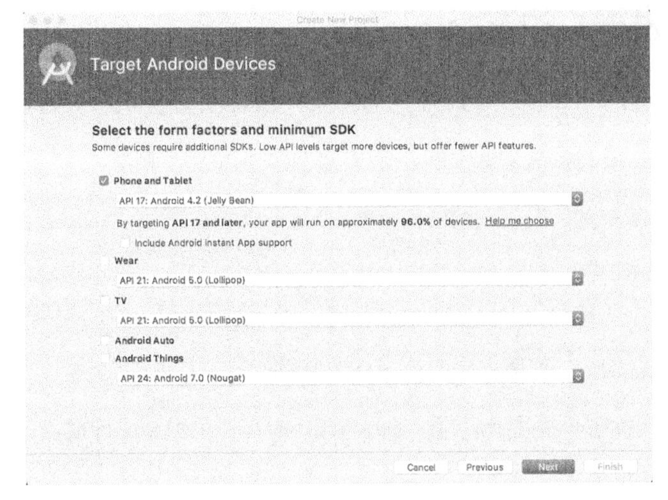

图1-1

ANDROID PLATFORM VERSION	API LEVEL	CUMULATIVE DISTRIBUTION
4.0 Ice Cream Sandwich	15	
4.1 Jelly Bean	16	99.2%
4.2 Jelly Bean	17	96.0%
4.3 Jelly Bean	18	91.4%
4.4 KitKat	19	90.1%
5.0 Lollipop	21	71.3%
5.1 Lollipop	22	62.6%
6.0 Marshmallow	23	39.3%
7.0 Nougat	24	8.1%
7.1 Nougat	25	1.5%

Jelly Bean

Screensaver
Daydream interactive screensaver
Secondary Displays
Display content on additional screens
Lockscreen Widgets
Add widgets to the lock screen
Multiple Users
Save data in a multi-user environment
Identify users in a multi-user environment
Global settings

User Interface
Layout orientation for right-to-left (RTL) UIs
Nested fragments
Multimedia
RenderScript script intrinsics
RenderScript script groups
RenderScript Filterscript

https://developer.android.com/about/versions/android-4.2.html

Cancel OK

图1-2

对于大多数公司来说，毕竟开发和测试资源有限，对于占有率低于 5% 的系统版本建议不必考虑支持。

1.4 APP适配的屏幕尺寸

Apple 产品的尺寸不像 Android 产品那么多，每种尺寸的用户量巨大，除了 iPhone 4 系列和之前系列的手机外，其余型号的手机和 PAD 都要适配。

Android 产品的尺寸千差万别，建议适配的手机屏幕基准尺寸为 5 英寸、5.5 英寸和 6 英寸，PAD 屏幕基准尺寸为 7 英寸、8 英寸和 10 英寸；屏幕像素密度支持 MDPI、HDPI、XHDPI 和 XXHDPI 这 4 种。

1.5　APP开发样机的选择

Apple 的机型比较少，除了 iPhone 4 系列的手机外，其余每个机型都可以考虑购买样机。

Android 的机型比较多，在选择机型的时候，应根据以下几项综合判断。

- 屏幕尺寸、屏幕像素密度、内存、价格和目标用户。
- APP 在小内存（1GB）低端机（低于 1 千元）上可以正常使用，那在中高端机上肯定也可以正常使用，如果目标用户包括低端用户，那一定要购买小内存低端机，大内存高端机可以不买。
- 如果不考虑低端设备用户，那屏幕密度为 MDPI 的样机可以不买。

友盟和极光等厂商也会发布一些关于不同设备的市场占有率等的数据统计报告，在选择开发样机的时候，可以做参考。

1.6　APP内置的图片资源

Apple 的产品硬件配置高、屏幕好，所以 iOS APP 通常内置两套图片，即 @2x 和 @3x 分辨率的图片。

Android 的产品中，屏幕像素密度为 XXHDPI 的比较少，且大多数产品的配置不高，为了节约存储空间和减少 APP 的大小，Android APP 通常只内置一套完整的像素密度为 XHDPI 的图片，以及部分 MDPI、HDPI 和 XXHDPI 的图片。

如果 APP 定位高端用户，建议还是要内置一套完整的像素密度为 XXHDPI 的图片。

第2章 APP产品和设计人员的工作

产品经理通常需要提供产品原型、流程图和功能说明文档等给设计、开发和测试人员。设计人员需要根据产品经理提供的文档，制作效果图和图片资源等给开发和测试人员。设计人员的文档应先经过产品经理审核后，再提供给开发和测试人员，且产品经理和设计人员提供的文档内容需要保持一致，否则开发和测试人员会困惑以哪个为准。

其他行业的软件开发通常一个产品是一个项目组做，但 APP 产品往往是 Android 和 iOS 两个项目组做同一个产品，所以无论是产品文档还是设计文档，一定要非常详细，不能有遗漏和产生歧义的地方，否则很可能导致 Android APP 和 iOS APP 单独使用都没有问题，但一对比就会发现许多不同的地方，结果还得花费大量时间统一两个 APP 的 UI 和功能。

2.1　编写产品文档时的注意事项

编写产品文档时，需要注意以下事项。

（1）产品文档应该完整体现各种处理流程，尤其是在异常状况下的各种处理流程，如无法从服务器获取到数据和用户输入错误等。

（2）需要明确进入每个界面，显示的数据未加载完时，当前界面怎样显示。例如从服务器获取数据时，当前界面整体显示为空白界面，用户只能看到当前界面之上的加载提示框，数据加载完成后，加载提示框消失，并显示整个界面布局；当顶部有标题栏，或底部有 TAB 栏时，这两部分显示的数据通常不需要从服务器获取，可以一进入这个界面就显示出来。

（3）需要明确哪些界面支持用户手动更新当前界面数据和上拉加载更多数据的功能，及对应的动画效果。

对于更新当前界面数据功能，还需明确采用以下哪种方式。

- 用户下拉操作更新数据。
- 用户单击刷新按钮更新数据。

（4）许多 APP 在首页的底部有个 TAB 栏，该栏上有几个按钮，单击这几个按钮显示的界面属于一级界面，左上角是不需要有返回图标或按钮的。除了一级界面外，其余每个界面都应该明确从当前界面可以返回到哪个界面。

（5）无论 APP 的界面显示模式是竖屏还是横屏，其对应的屏幕宽度都有限，水平方向尽量少放置内容；而大多数用户已经知晓通过向上滑动手指，在屏幕的垂直方向可以翻页显示更多内容，所以可在垂直方向多放置内容，即屏幕的高度方向对显示的内容没有限制。

当然也有特例的情况，如在竖屏模式下，当前界面有多个 TAB 页面，通常会支持左右滑动，以显示不同 TAB 页面的内容；或有多张图片需要显示的时候，也支持左右滑动，以显示不同图片的内容。此时最好在界面显示提示信息，提示用户左右滑动显示更多内容，如图 2-1 所示。

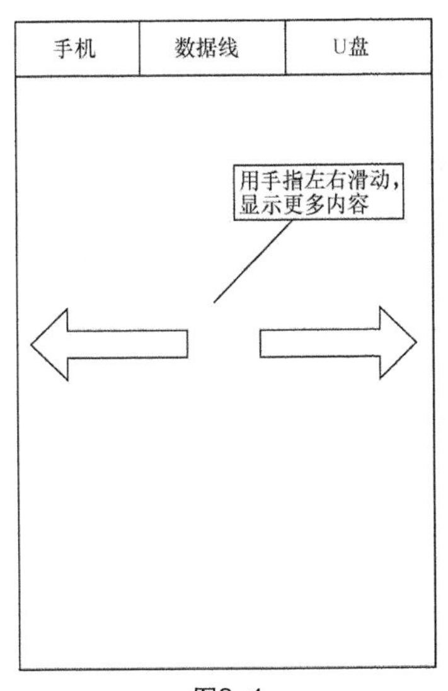

图2-1

在图 2-1 所示的界面中显示了 3 种商品，如果种类超过 3 个，在用户第一次看到这个界面的时候，在此界面上方可再显示一个界面，提示用户“用手指左右滑动页面，显示更多内容”。用户点击屏幕，则提示界面消失。

如图 2-2 所示，如果显示的图片不只一张，在用户第一次看到这个界面的时候，在此界面上方可再显示一个界面，提示用户“用手指左右滑动页面，显示更多图片”，用户点击屏幕，提示界面消失。

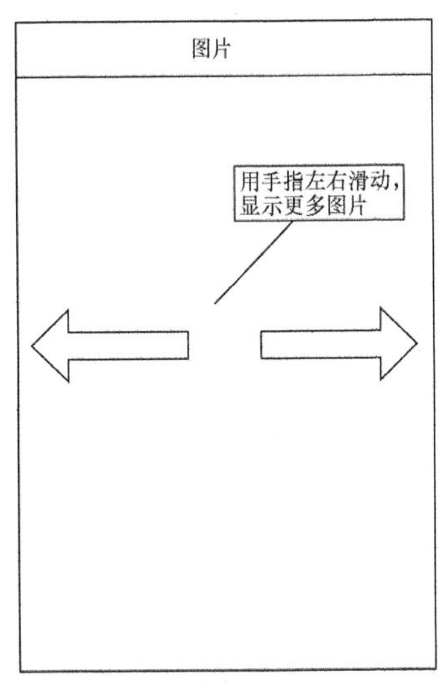

图2-2

（6）如果当前显示的内容超过了一屏，用户通过向上滑动手指，翻到了第 N 页（$N>1$），此时在屏幕的右下角要显示一个图标，用户点击此图标直接显示第 1 页内容，如图 2-3 所示。

图2-3

如果页数比较多，需要设计用户可以选择查看其中任一页内容的图标，如提供页码列表或让用户手动输入想查看的页码数字。

如图 2-4 所示，商品列表数据共有 10 页，当前显示的是第 2 页的内容，左右两边 4 个箭头对应的功能是跳到第一页、跳到上一页、跳到下一页和跳到最后一页。在编辑框中输入 5，然后单击确定按钮，则会直接跳到第 5 页。

图2-4

（7）在使用 APP 的时候，常遇到在某个界面显示的内容比较多，一屏显示不下，而在屏幕底部的控件又需要一直显示的情况，此时就需要考虑悬浮设计，就是在滑动当前界面显示的内容时，始终显示底部的控件，相当于底部控件悬浮在内容的上方。

如图 2-5 所示的是电商 APP 里必有的购物车界面，购物车里的商品可能一屏显示不下，需要用户滑动商品列表显示更多商品内容，但在界面底部的商品总价和结算按钮需要一直显示，方便用户随时进入结算界面下单，这就需要使用悬浮设计。

图2-5

（8）在电商 APP 的购物车、结算页面和订单页面，通常页面顶部需要显示商品优惠政策或客户联系方式等信息，中间显示商品列表，底部是功能按钮区域。

如果商品数量比较多，就需要上拉显示更多的商品，为了扩大商品列表的显示区域，有以下两种方案。

- 如顶部区域显示的信息不需用户编辑，则可以设计上拉时顶部区域随着商品列表一起向上滑动。
- 如顶部区域信息也需用户编辑，则可以设计顶部区域在商品列表向上滑动时隐藏起来，此区域也用于显示商品列表；商品列表停止滑动时，则显示顶部区域，方便用户随时编辑顶部信息。

如图 2-6 所示的订单详情界面，上部区域显示收件人的联系方式和收件地址，底部显示取消订单按钮，只有中间区域用于显示商品列表。当用户向上滑动手指，则显示更多的商品，此时用户并不关注收件人的联系方式和收件地址信息，就可让这部分区域随着商品列表一起向上滑动，或者把收件人联系方式和收件地址信息隐藏起来，将此区域用于显示商品列表数据；当商品列表停止滑动时，可再显示收件人的联系方式和收件地址信息。

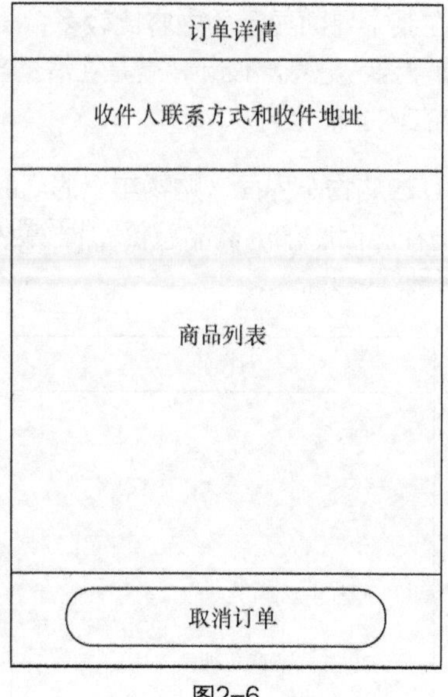

图2-6

（9）由于手机屏幕空间有限，像标题栏这样的区域在有些界面中就不必显示了，从而更有效地利用空间。如商品详情界面，这样可以扩大图片展示区域。

如图 2-7 所示的商品详情界面，将标题栏区域去掉，整个上部区域都用于显示商品图片，中间用于显示商品规格等数据，底部用于显示功能按钮。

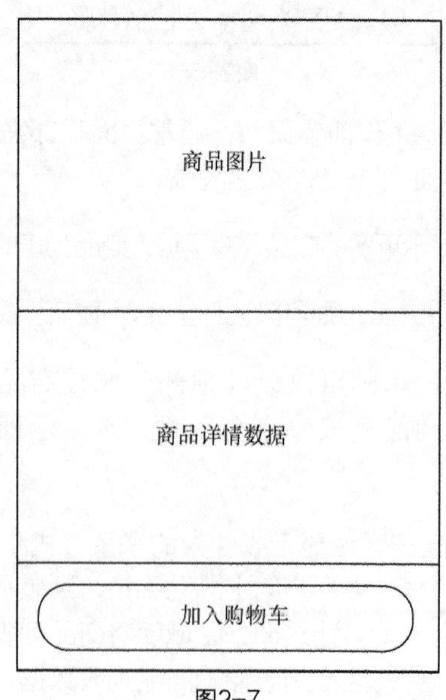

图2-7

（10）文本输入区域最好能设计在屏幕的上半部分，这样不容易被输入法的键盘遮住，对应的功能按钮最好紧贴在输入区域的下方，许多 APP 的登录、注册和修改密码界面就是这样设计的。

如图 2-8 所示，文本输入框和 登录 按钮都在屏幕的上半部分，以避免被输入法键盘遮住。

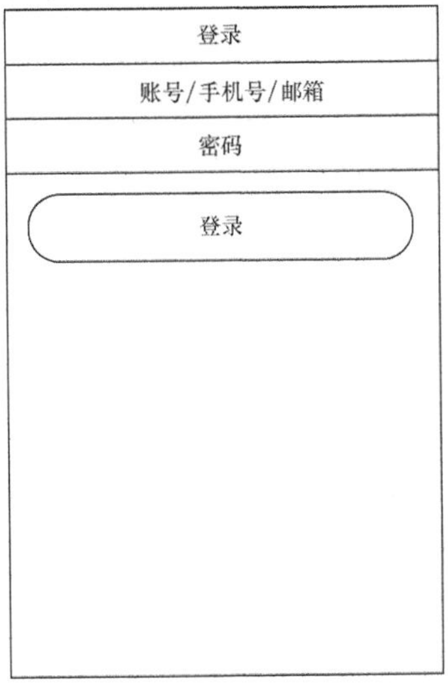

登录

账号/手机号/邮箱

密码

登录

图2-8

如果文本输入区域只能设计在屏幕的下半部分，那么在用户点击文本输入区域时，设计弹出一个新的界面，或是在弹出输入法键盘时将当前界面整体往上移动，这样文本输入区域也不容易被输入法键盘遮住。

如果不能把界面整体往上移动，可以适当缩小文本输入区域上方的内容所占的空间。如把文本输入区域上方的图片显示区域缩小，这样此区域下方的内容就自动向上移动了，也就是部分上移。如图 2-9 所示为没有显示输入法键盘时的界面。

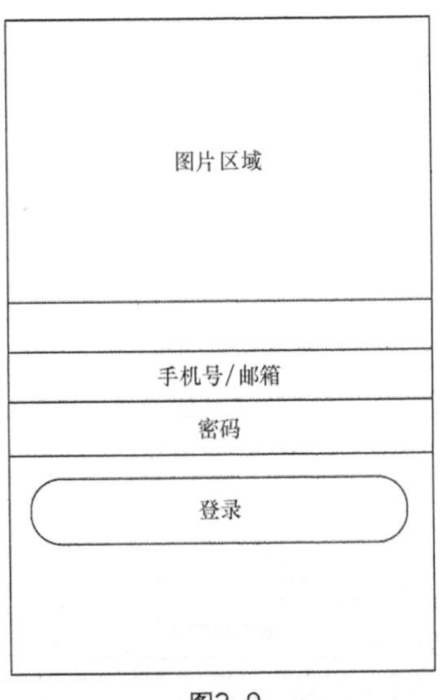

图2-9

图 2-10 所示为显示输入法键盘时的界面。

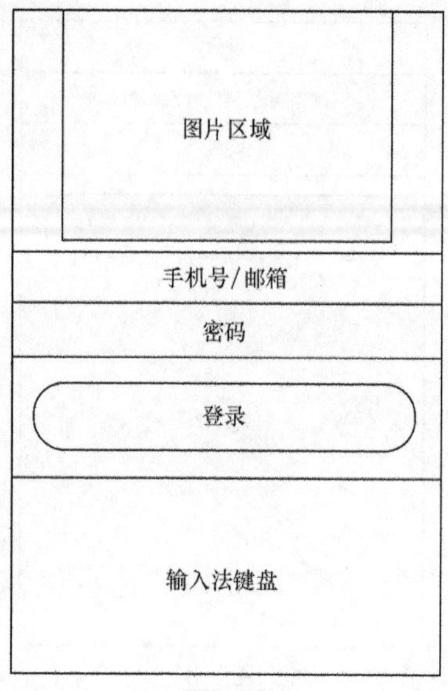

图2-10

（11）如果某个界面不需要用户输入，只能看，不能编辑，那么这种界面的功能按钮可以设计在界面的最下方，方便用户用大拇指点击。

在如图 2-11 所示的设置界面中，通常会有许多功能菜单供用户点击，但不会让用户在此界面进行输入操作，也就是在此界面不会弹出输入法键盘，这样就可把退出当前账号按钮放在界面的最下方，方便用户单手操作，用大拇指点击按钮。

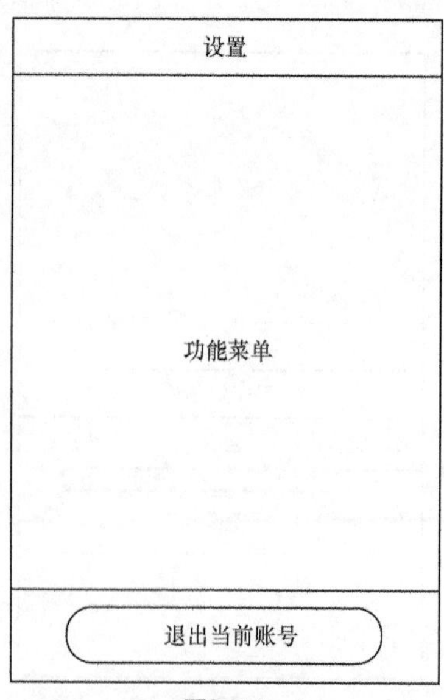

图2-11

（12）在设计文本输入区域时，应显示提示信息，提示用户输入的字符类型和字符个数。输入区域的最右边要设计有删除输入字符的图标，用户单击即可删除输入区域中的所有字符。

单击如图 2–12 所示的界面中的“×”图标，会删除密码框中的所有字符。

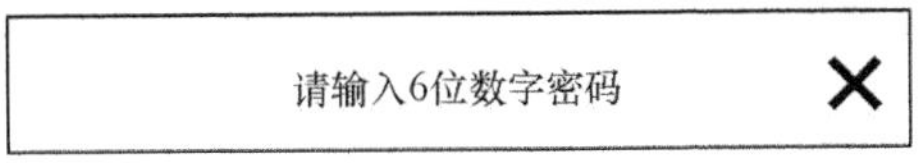

请输入6位数字密码 ✕

图2–12

（13）密码输入框的右边应设计有切换明文或密文显示的图标。

单击如图 2–13 所示的界面中的“⊖”图标，会切换密码是明文显示或密文显示。

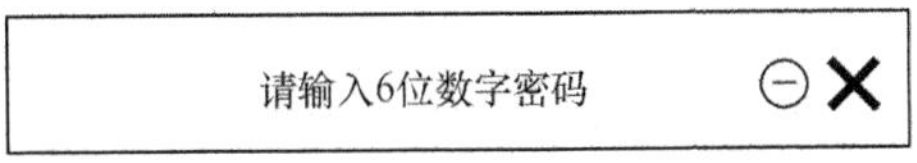

请输入6位数字密码 ⊖ ✕

图2–13

（14）如需用户输入手机号码，则需要明确号码是否按 3–4–4 格式显示，如 131 1234 5678。

（15）如需用户输入银行卡，则需明确卡号的显示格式，如按此格式显示：1111 2222 3333 4444。

（16）遇到字符串长度超过显示区域的情况，通常有以下几种处理方式。

- 换行显示，动态增加显示区域的高度。
- 将显示区域内的最后一个字符显示为省略号。
- 字符串水平滚动显示全部内容。

在提供产品文档时，需要明确采用哪种处理方式。

（17）在登录和注册界面，建议设计用户手动输入验证码，这样可以防止恶意攻击。

（18）产品文档中还应包括各种提示框和提示文字的设计。如操作成功和操作失败的提示框，提示用户等待的提示框，以及什么时候使用 Toast 提示框，什么时候使用 Alert 提示框。

建议在操作成功的时候用 Toast 提示框（显示时间不超过 2 秒），操作失败的时候用 Alert 提示框。Toast 提示框显示后会自动消失，导致用户可能看不到出错提示；Alert 提示框不会自动消失，只有用户单击其上的按钮才会消失，这样保证了用户可以看到出错提示。（Android 系统自带 Toast 提示框，iOS 系统需要导入第三方库实现 Toast 提示框）

（19）在 APP 中若要用到轮播图和动画，轮播图的切换时间和动画的显示时间最好也要在产品文档中明确说明。

（20）产品文档中需要明确哪些界面用网页实现，哪些用原生代码实现。通常内容多变的界面，如广告和促销界面，或者需要可以被链接索引传播的文字内容等，可以用嵌入网页的形式实现。

（21）产品文档中需要明确 APP 是否支持长登录，如果支持长登录，登录时间维持多久。

（22）产品文档中需要明确是否支持一个账号在多个设备上同时登录，以及哪些数据需要在各设备间进行同步。如电商 APP 和电商网站的购物车、收藏夹、浏览历史和搜索历史等是否需要实时同步。

（23）需要考虑哪些界面要保存用户的输入信息。如登录界面通常需要保存用户账号在本地，这样当用户再次登录的时候，不需再次输入账号。

还有像用户个人资料、地址和文本编辑等界面，需要用户输入的数据比较多，用户在这些界面中点击 返回 按钮或 返回 键退出时，最好显示提示框，提醒用户是否保存当前界面的数据。

（24）如用到 PUSH 消息功能，需要明确以下内容。

- 服务器端发送哪几类消息数据。
- 用户点击 PUSH 消息提示框后，显示什么样的界面内容。
- APP 本地是否要保存消息，如果保存，保存消息的时间段是什么（一周或一月的消息）及保存的消息数量是多少。

（25）对于订单、收藏夹和浏览历史之类的数据，也需要考虑在服务器端或 APP 本地保存的时间段和数据数量。

（26）产品文档中需要考虑到一些应用市场的要求，如 iOS APP，要发布到 App Store，注册页面必须包含一个用户许可协议的链接，否则可能通不过 Apple 的审核。

（27）设计评论功能时，分数是否支持小数、星级的划分标准、评论者的昵称或名称的显示方式也都要考虑到。

（28）如有显示或需用户输入数字的地方，需明确数字的默认值和最大值。如有小数，需明确小数位数，像商品的数量和价格等，这也涉及界面布局区域的宽度设置。

（29）在电商 APP 的结算页面，建议设计买家留言功能，改善用户体验。

（30）搜索功能需要明确是 APP 本地搜索，还是 APP 向服务器发送请求，在服务器端进行搜索，并返回结果给 APP。

两者具体的实现方式如下所述。

- 本地搜索适合采用在搜索栏中输入一个字符就自动搜索一次的实时搜索。
- 服务器端搜索适合采用用户输入字符后，点击 搜索 按钮，再进行搜索。

（用实时搜索方式，如需要输入 5 个字符，在极端情况下可能 APP 向服务器发送 5 次请求，在交互 5 次之后才能搜索到结果，这极大地浪费了流量和时间）

（31）搜索功能会涉及多个界面，各界面间的跳转流程需要明确。

（32）大多数 APP 都会展示许多图片，对网速要求高，但用户可能会在网速不好的情况下（如在 2G 网络状况下）使用 APP。需要考虑在此情况下，是否显示分辨率较低的图片或不显示图片，如电商 APP

中的商品列表转换为文本模式，以降低对网络性能的要求。

（33）需要明确 APP 的升级功能流程和相关界面，且要注意强制升级和非强制升级的不同。

非强制升级是用户即使选择不升级当前版本，也能正常使用 APP。强制升级是用户必须升级后，才能使用 APP。

如图 2-14 所示的是非强制升级的界面。当用户启动 APP 时，APP 从服务器获取到升级信息，并在 APP 启动界面显示提示框，内有取消和确定两个功能按钮，供用户选择。

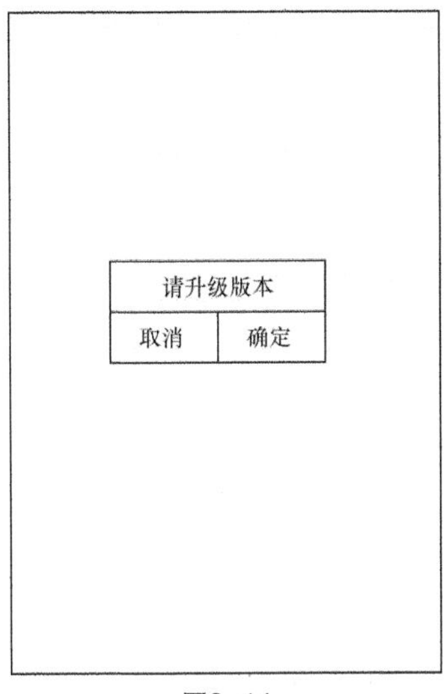

图2-14

如图 2-15 所示的是强制升级的界面。在 APP 的启动界面显示的提示框只有确定按钮，用户只能点击确定 按钮升级 APP 版本。

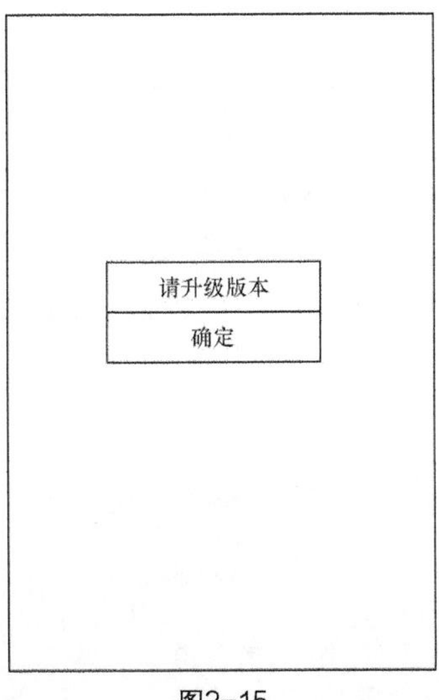

图2-15

（34）在用户进行删除操作的时候，一定要显示提示框请用户确认，以防止用户误操作，如图 2-16 所示。

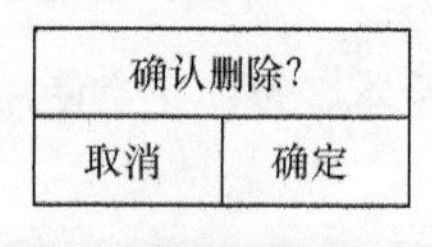

图2-16

（35）大多数 APP 中的许多功能需要在登录状态才能正常使用。目前许多 APP 都把注销登录的按钮设计在层次比较深的界面，让用户一直保持登录状态。如果用户很容易看见注销按钮，那退出登录状态的概率也就变大了。

（36）Apple 产品没有返回键，但 Android 产品通常有返回键，用户可以直接按返回键退出，需要明确采用以下哪种退出方案。

- 用户按返回键时，弹出 Alert 提示框，提示用户确认是否要退出应用。

如图 2-17 所示的提示框，需要用户在点击返回键后，把手指从手机的返回键区域移动到中间区域，点击提示框上的按钮。

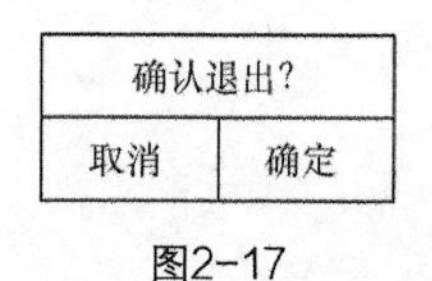

图2-17

- 用户第一次按返回键时，弹出 Toast 提示框，提示用户再次点击返回键，则退出应用。

如图 2-18 所示的 Toast 提示框，用户手指一直放在返回键区域就可完成退出操作，不需移动手指，用户体验更好。

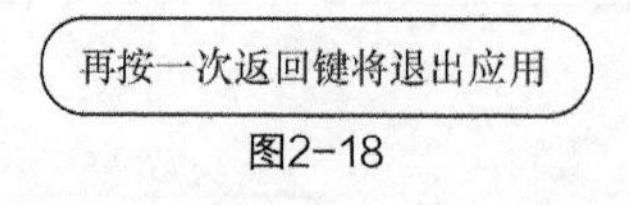

图2-18

（37）对于展示列表数据的界面，需要明确数据按哪种方式排序。

（38）如果提供下拉列表，让用户选择下拉列表里的数据时，需要考虑是否当用户在文本框中输入文字时，程序自动搜索相关的数据。如图 2-19 所示，当销售员数量较多时，可节省用户查看列表数据的时间，改善用户体验。

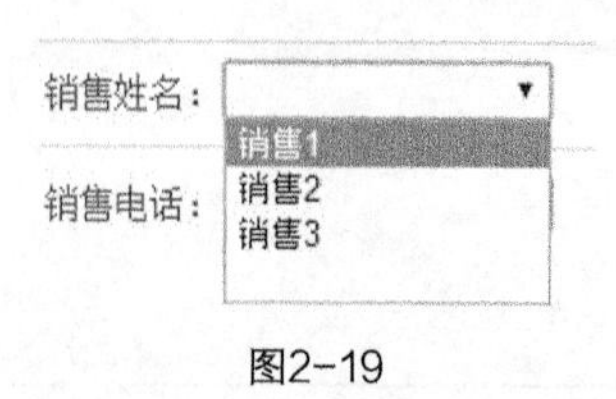

图2-19

2.2 设计效果图时的注意事项

（1）设计师在设计效果图的时候，最好按 APP 适配的最小尺寸设计布局，且在文字显示区域放的字符个数就是实际要显示的最大字符个数，这样很容易发现控件显示区域不足的问题。

如在电商 APP 中，最长的商品名称可能有 20 个字符，那么在效果图上就要放 20 个字符。

（2）各种元素区域的尺寸要符合 Apple 和 Google 的设计规范要求。如果最小点击区域太小，会导致用户无法正常操作。

对于 iOS APP，就是在 iPhone 3 手机上，也就是 @1x 分辨率下，最小点击区域不能小于 44px × 44px；对于 Android APP，就是在屏幕像素密度为 MDPI 时，最小点击区域不能小于 44px × 44px。在 @2x 分辨率和像素密度为 XHDPI 时，最小点击区域不能小于的逻辑像素为 88px × 88px。

（3）在用户第一次使用 APP 时，许多界面没有数据显示，其内容为空。如用户第一次使用电商 APP 时，购物车和订单界面内容为空，就需要设计这些界面内容为空时的效果图。

（4）除了正常显示数据的界面外，还需设计从服务器或本地获取数据时的提示界面和无法正常获取数据时的界面。

（5）iPhone 手机基本都使用系统自带的输入法，在用户点击搜索区域，弹出输入法软键盘时，软键盘上会显示搜索按钮；Android 手机上使用的输入法各式各样，输入法软键盘上不一定会有搜索按钮。

在设计搜索界面时，iOS APP 的右上角通常不需要有搜索按钮，但 Android APP 的右上角最好要设计有搜索按钮。同时要设计搜索不到数据时的界面。

（6）在设计搜索界面时，需要设计有搜索历史和无搜索历史的两种界面，同时明确显示搜索历史的个数。

（7）如果在一块区域中，只有一个元素需要用户点击，那可适当放大这个元素的长度和高度，或设计整个区域都响应用户点击，以方便用户操作。

如图 2-20 所示的界面，主要是让用户点击右边的箭头图标，可以把箭头图标设计得大点，或把这一整行区域都设计能够响应用户点击，方便用户操作。

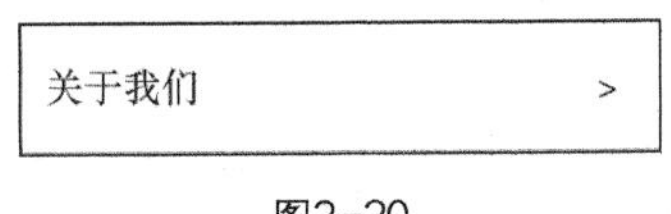

图2-20

（8）在许多 APP，尤其是电商 APP 中，会在购物车、订单或消息图标的右上角设计一个数字角标，显示购物车中的商品数量、订单个数或消息个数。

通常会把角标区域设计成圆形，如果数量不到 100 时，可以正常显示；超过 99，变成 3 位或 4 位数时，往往就显示不下了，此时有以下两种解决方案。

• 数字超过 99 时，显示 99+。

• 改变角标区域的形状。

如图 2-21 所示，左边的购物车里只有 10 个商品；中间购物车里的商品个数超过了 99，就用 99+ 表示；右边购物车里的商品个数超过了 100，达到了 1000，把圆形角标改成了椭圆形角标，以便完整显示 1000 这个数字。

图2-21

（9）在设计图片显示区域的时候，不同界面图片显示区域的长宽比最好一致。如电商 APP 在商品列表和商品详情界面都需要显示图片，商品详情界面的图片显示区域设计为 300px×300px，商品列表中的图片显示区域可设计为 100px×100px，这样在服务器端可以只放一张 300px×300px 的图片，在 APP 端的商品列表界面显示图片时，服务器端可把 300px×300px 图片的宽度和高度直接都除以 3，再发给 APP，而不用担心在商品列表界面图片会变形。

（10）按最新的 Google 文档要求，Android APP 中各控件的尺寸数值及控件间的间距数值最好是 8 的倍数。

（11）用户使用 APP 的时候，使用得最多的操作是点击操作，要想设计使用滑动操作，如在消息列表中通过滑动删除某条消息，最好给用户某种提示，否则用户通常不会使用滑动操作。

2.3　APP的切图工作

最理想的情况是设计人员给 iOS APP 和 Android APP 设计两套图片，为了节约资源，许多设计人员只按 iOS APP 的要求提供设计切图和标注尺寸。

部分 iPhone 设备的屏幕尺寸和像素密度见表 2-1。

表 2-1

设备	屏幕尺寸	图片尺寸倍数	分辨率（px）	像素密度值
iPhone 3GS	3.5 寸	@1x	320×480	163
iPhone 4/4s	3.5 寸	@2x	640×960	330
iPhone 5/5s/5c	4.0 寸	@2x	640×1136	326

续表

设备	屏幕尺寸	图片尺寸倍数	分辨率（px）	像素密度值
iPhone 6	4.7 寸	@2x	750 × 1334	326
iPhone6 Plus	5.5 寸	@3x	1242 × 2208	401

iPhone 手机的最小分辨率是 320px × 480px，把这个尺寸定为基准界面尺寸（baseline），基准尺寸所对应的图片称为 1 倍图（@1x），其余机型使用的图片按像素密度值与基准尺寸的像素密度值的倍数定为 2 倍图和 3 倍图。

屏幕像素密度是指每英寸上的像素点数，单位是 DPI（Dot Per Inch）; PPI（Pixel Per Inch）是每英寸像素数。针对显示器的设计，DPI=PPI。计算方法是长宽的像素各自平方之和开方再除以对角线长度（单位英寸），如 iPhone 5 的 DPI 为 $\sqrt{640\times640+1136\times1136}$ / 4 = 326。

Android 系统将屏幕大小分为以下 4 个级别。

- Small：屏幕尺寸小于 3 英寸。
- Normal：屏幕尺寸小于 4.5 英寸。
- Large：屏幕尺寸 4 英寸 ~ 7 英寸之间。
- xLarge：屏幕尺寸 7 英寸 ~ 10 英寸之间。

屏幕像素密度与屏幕尺寸和屏幕分辨率有关，即屏幕尺寸越小，分辨率越高，像素密度越大，反之越小。

Android 设备的部分屏幕尺寸和像素密度见表 2-2。

表 2-2

<table>
<tr><th></th><th>低密度（120），ldpi</th><th>中密度（160), mdpi</th><th>高密度（240），hdpi</th><th>超高密度（320），xhdpi</th></tr>
<tr><td>小屏幕</td><td>QVGA（240 × 320）</td><td></td><td>480 × 640</td><td></td></tr>
<tr><td rowspan="3">正常屏幕</td><td>WQVGA400（240 × 400）</td><td rowspan="3">HVGA（320 × 480）</td><td>WVGA800（480 × 800）</td><td rowspan="3">640 × 960</td></tr>
<tr><td rowspan="2">WQVGA432（240 × 432）</td><td>WVGA854（480 × 854）</td></tr>
<tr><td>600 × 1024</td></tr>
<tr><td rowspan="3">大屏幕</td><td>WVGA800（480 × 800）</td><td>WVGA800(480 × 800）</td><td rowspan="3"></td><td rowspan="3">720 × 1280</td></tr>
<tr><td rowspan="2">WVGA854（480 × 854）</td><td>WVGA854（480 × 854）</td></tr>
<tr><td>600 × 1024</td></tr>
<tr><td rowspan="3">超大屏幕</td><td rowspan="3">1024 × 600</td><td>WXGA（1280 × 800）</td><td>1536 × 1152</td><td>2048 × 1536</td></tr>
<tr><td>1024 × 768</td><td>1920 × 1152</td><td>2560 × 1536</td></tr>
<tr><td>1280 × 768</td><td>1920 × 1200</td><td>2560 × 1600</td></tr>
</table>

注意：其中的 xhdpi 按屏幕尺寸为 4.5 寸计算，DPI 为 $\sqrt{720\times720+1280\times1280}$ / 4.5 = 326，约为 320；XXHDPI 的 DPI 值为 480。

在 iOS APP 中通常内置两套图片：@2x 和 @3x，而许多 Android APP 中只内置一套 XHDPI 的图片。XHDPI 对应的分辨率和 iPhone 5 系列的分辨率最接近（像素密度一样），所以设计师可以按 iPhone 5 系列的分辨率做一套 @2x 的切图，在 Android APP 中把 @2x 的图片放在 drawable-xhdpi 文件夹中就可以了（在 4.5 寸 720px×1280px 的手机上适配效果最好，像素密度一样）。

在提供 APP 动态加载的图片时，如电商 APP 中的商品图片，同样需要考虑不同分辨率的情况。如在 @1x 和 mdpi 的情况下，图片显示区域的大小为 10px×10px；在 @3x 和 xxhdpi 的情况下，图片显示区域的大小变为 30px×30px；对于 10px×10px 的图片，此时要放大显示，就会变得模糊，因此在提供图片的时候，就需要按 @3x 和 xxhdpi 的情况，提供最高分辨率的图片，保证在各种分辨率下都能正常显示（高分辨率的图片缩小成低分辨率的图片，图片内容不会变模糊）。

2.4 点9图简介

2.4.1 点9图

在 Android APP 开发中，屏幕尺寸的多样性导致了界面适配的复杂性，很多 APP 内置的图片在不同尺寸屏幕的设备上被放大拉伸后，图像会模糊或失真；如果针对不同的分辨率内置多套图片，又增大了 APP 安装包的大小，这让开发人员非常头疼。因此 Google 专门开发了一种 .9.png 格式图片来解决这个问题。

这种格式的图片能按照设定来拉伸特定区域，而不是整体放大，从而保证了图片在各个分辨率的屏幕上都可以完美展示。与普通的 PNG 格式图片相比，点 9 图的四边，即上、下、左和右各有一条黑色实线，各代表了不同的含义：左侧和顶部的线用于确定图片的可拉伸区域，右侧和底部的线用于确定图片中的内容显示区域。点 9 图一般用于纯色且需要拉伸的地方，如字符串标签、文本编辑框、按钮和箭头等。在前期设计人员切图的时候，开发人员需要与设计人员协商确定哪些地方使用点 9 图，以免后期改动，导致设计人员重复切图。

2.4.2 制作工具

在 Android Studio 3.x 版本中，集成了制作点 9 图的工具。

在 Android Studio 工程中，选中图片，点击鼠标右键，在弹出的选项菜单中，选择“Create 9-Patch file...”，可将选中的图片转成点 9 格式图片，如图 2-22 所示。

图2-22

2.4.3 注意事项

（1）.9.png 对不同尺寸屏幕的适配，只是针对图片拉伸而言的，包括单独的横向拉伸、单独的纵向拉伸以及同时横向和纵向拉伸，对于图片压缩没有效果。

（2）文件的后缀名必须是 .9.png。

2.5 产品和设计文档的版本管理

目前许多人使用 Axure 设计原型，最好在原型中增加一页，说明每次的修改内容、修改时间、修改人员和版本号等。对于 rp 文件，建议使用版本管理工具（如 SVN）管理。

建议设计人员也使用版本管理工具（如 SVN）给 APP 开发人员提供效果图和图片，每次把文档提交到服务器时，都填写修改说明，方便 APP 开发人员了解做了哪些修改。在放图片的时候，最好按功能模块或界面分类存放，且文件名都起中文，以方便查找。

使用版本管理工具管理文档，除了可以方便查看修改记录外，如果想使用旧版文档，也可以很容易地从版本管理工具的版本库中获取。

第3章　APP端和服务器端的协作

3.1　接口设计注意事项
3.2　安全方案
3.3　登录方式
3.4　登录状态的维持
3.5　数据同步方案
3.6　业务逻辑的实现
3.7　接口文档的维护

3.1　接口设计注意事项

在接口设计中要注意以下事项。

（1）首先需要确定 APP 和服务器间用什么格式传输数据，常用的有两种：XML 和 JSON。下面使用了 XML 格式和 JSON 格式表示同样的信息进行比较：

```
<?xml version="1.0" encoding="utf-8" ?>
<country>
  <name>中国</name>
  <province>
    <name>广东</name>
    <citys>
      <city>广州</city>
      <city>深圳</city>
    </citys>
  </province>
  <province>
    <name>广西</name>
    <citys>
      <city>南宁</city>
      <city>桂林</city>
    </citys>
  </province>
</country>
```

以上是 XML 格式文件的数据。

```
{
  "name": "中国",
  "quantity": 2,
  "provinces": [
    {
      "name": "广东",
      "quantity": 2,
      "citys": {
        "city": [
          "广州",
          "深圳"
        ]
      }
    },
    {
      "name": "广西",
```

```
        "quantity": 2,
        "citys": {
          "city": [
            "南宁",
            "桂林"
          ]
        }
      }
    ]
  }
```

以上是 JSON 格式文件的数据。

从上述示例可看出，XML 文件中存在大量的描述信息，大大增加了网络传输的数据量；同样的内容用 JSON 格式传输的数据量比较少，相应的网络传输速度和数据解析速度也都快，所以首选 JSON 格式。

JSON 格式的字段类型值常用的有以下几种。

- Number：整数或浮点数。
- String：字符串。
- Boolean：true 或 false。

上述三种属于基本类型。

- Array：数组，包含在方括号 [] 中。
- Object：对象，包含在大括号 {} 中。

上述两种属于复合类型，其中可以包含各基本类型字段。

示例如下：

```
{//对象
  "name": "中国", //字符串
  "quantity": 2,//整数
  "isAsia": true,//布尔类型
  "provinces": [//数组
    {
      "name": "广东",
      "quantity": 2,
      "citys": {
        "city": [
          "广州",
          "深圳"
        ]
```

```
        }
      },
      {
        "name": "广西",
        "quantity": 2,
        "citys": {
          "city": [
            "南宁",
            "桂林"
          ]
        }
      }
    ]
  }
```

（2）需要设计 JSON 数据的具体格式。

APP 发送请求（有非数组格式的具体参数），示例如下：

```
{
     "params":{
         "username":"aaa",
         "password":"123456"
     }
}
```

APP 发送请求（有数组格式的具体参数），示例如下：

```
{
  "params": {
    "products": [
      {
        "name": "可乐",
        "quantity ": 1
      },
      {
        "name": "雪碧",
        "quantity ": 2
      }
    ]
  }
}
```

APP 发送请求（无具体参数），示例如下：

```
{
  "params": {
  }
}
```

服务器端处理成功后，返回给 APP 的数据（只返回操作状态，不返回数据），示例如下：

```
{
  "code": 800
}
```

服务器端处理成功后，返回给 APP 的数据（返回操作状态和非数组数据），示例如下：

```
{
    "code": 800
    "result":{
        "message":"订单提交成功"
    }
}
```

服务器端处理成功后，返回给 APP 的数据（返回操作状态和数组数据），示例如下：

```
{
    "code": 800
    "result":{
      "products": [
        {
          "name": "可乐",
          "quantity ": 1
        },
        {
          "name": "雪碧",
          "quantity ": 2
        }
      ]
    }
}
```

服务器端处理失败后，返回给 APP 的数据（只返回操作状态和出错提示），示例如下：

```
{
    "code": 801
    "result":{
        "message":"密码错误，请重新输入"
```

```
    }
}
```

在定义 JSON 中的字段名称时，要尽量短小，以减少网络传输的数据量。

（3）服务器端采用的语言有 Java 这样的强类型语言，也有 PHP 这样的弱类型语言，弱类型语言对变量类型没有强类型语言那么严格，但 Android 和 iOS 开发使用的语言都是强类型的，导致 APP 端常会遇到变量类型出错的问题。如需要整型数据，结果服务器传的数字有小数；需要非字符串类型的数据，结果服务器传的数据是字符串等。

为解决这类问题，在和服务器端定义字段的数据类型时，建议使用以下方案。

- 在 APP 端涉及数学的加、减、乘、除或比较大小运算的字段，统一使用 double 类型。int 和 float 类型可以算是 double 类型的子集，这样只要 APP 端使用 double 类型，无论服务器端返回的是 int 类型，还是 float 类型，都不会解析出错。
- 布尔型的字段也使用 double 类型代替，服务器端返回 1 表示 true，返回 0 表示 false。
- 不涉及数学的加、减、乘、除或比较大小运算且非布尔型的字段，统一使用字符串类型。字符串类型的适应性比较强，无论哪种类型的数据，都可以当字符串处理，解析的时候不容易出错。

这样 APP 和服务器端交互，只使用了两种基本数据类型，大大减少了由于各种数据类型不兼容导致 APP 端数据解析出错的问题。

（4）APP 从服务器读取数据的时候，会遇到数据为空的情况，此时服务器端返回给 APP 的数据类型应该和数据不为空时的类型一致。

如下所示：

```
{
    "code": 800
    "result":{
        "nikeName":""
    }
}
```

nikeName 字段的类型是字符串，当其值为空时，应返回空字符串 ""，而不应返回 null。

```
{
    "code": 800
    "result":{
        "products":[]
    }
}
```

products 字段的类型是数组，当其值为空时，应返回空数组 []，而不应返回 null 或其他类型的数据。

（5）因为服务器端的接口代码可能会发生变化，所以在 APP 向服务器端发送请求时，最好把接口的版本号也带上，如下所示：

```
{
    "version":1.0,
    "params":{
        "username":"aaa",
        "password":"123456"
    }
}
```

以上 JSON 数据中，version 字段的值表示当前使用接口的版本号为 1.0。

如果已经上线的旧 APP 中使用的接口版本是 1.0，在上线后接口更新到 1.1 版本，而且不兼容 1.0 版本，用户有可能不更新 APP，还是使用旧版本 APP。服务器端接收到请求后，发现 APP 使用的接口版本是 1.0，就可以调用旧接口处理 APP 请求。如果请求中不带版本号，遇到这种状况，就很难处理了。

（6）APP 常需要从服务器获取图片，但服务器存储的图片尺寸往往不完全符合 APP 需要，需要将图片放大或缩小，因为服务器的性能比手机高，所以最好是在服务器端按 APP 的需求处理图片，然后把处理过的图片发给 APP。APP 在发送获取图片的请求时，把所需图片的宽度和高度发给服务器，如采用 GET 方法，可以按以下方式。

http://www.hello.com/getimage/2/width/100/hight/100

服务器收到请求，就可先按 APP 要求的尺寸处理图片，再发给 APP。

当然也可以用 POST 方法实现，用 JSON 格式传递参数，示例如下：

```
{
    "version":1.0,
    "params":{
        "imageId":2,
        "width":100,
        "hight":100
    }
}
```

（7）大多数 APP 和服务器交互时用 HTTP 协议，每向服务器发送一个请求都要先建立连接，传输数据后再断开连接。即使服务器端有连接池设计，连接池中容纳的连接个数也是有限制的。

在设计接口时，APP 每执行一个动作尽量做到只向服务器发送一次请求，减少 APP 发送请求的次数，从而减少 APP 和服务器建立连接和断开连接消耗的时间及资源，提高程序响应速度。

（8）对于向 APP 返回数组数据的接口应设计支持分页操作，并提供参数以方便 APP 设置获取元素的起始位置和获取的个数。

例如，数组中有 100 个元素，APP 第一次从第 1 个元素开始只获取 10 个元素，第二次从第 11 个元素开始只获取 5 个元素。在电商 APP 中读取商品列表和订单列表可以这样设计。

获取商品列表的 JSON 数据如下所示：

```
{
    "version":1.0,
    "params":{
        "categoryId":1,
        "offset":0,
        "limit":10
    }
}
```

其中 categoryId 表示读取哪一类别的商品列表，offset 表示从商品列表中的第一个商品开始读取商品数据，limit 表示读取 10 个商品数据。limit 的数值也可以在服务器端设置，此时以服务器端的数值为准，APP 传递的数值不起作用。

（9）对于可能会变动的功能逻辑，尽量放在服务器端实现，而不是 APP 本地实现，这样后续的功能变更时修改服务器端的代码就可以了，不需要用户升级 APP。例如，电商 APP 中商品的默认排序功能，在服务器端可以把商品按价格或销量排序后，再把数据传递给 APP，APP 端只负责显示就可以了。

（10）APP 端在使用服务器接口的时候，常会遇到从服务器传来的 JSON 数据类型和约定的不一致，导致 APP 解析出错的问题。APP 遇到此类问题时往往会 Crash，需要对此问题做特别处理，如下所示：

```
try {
    // parseJson为解析从服务器返回的JSON数据的方法
    T model = parseJson(jsonData);
    onSuccess(model);
}catch (Exception e){
    message = "数据解析出错";
    onError(message);
}
```

开发 Android APP 时，利用 try…catch…机制可以有效防止 APP Crash，并提示用户出现了什么问题。

在开发阶段，APP 应明确提示“数据解析出错”，这样有利于发现和解决问题。上线后，用户在使用 APP 的时候遇到这类问题，用户不一定理解具体含义，可换种方式提示。

如图 3-1 所示，明确告知用户服务器端出现问题了，需要联系客服解决。

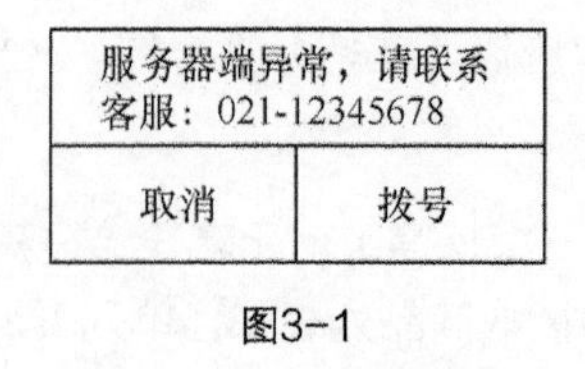

图3-1

开发阶段通常使用 Debug 版本，而线上版本是 Release 版本，利用编译选项可以实现不同版本显示不同的提示信息。

（11）服务器端设计接口的时候，需要考虑到 APP 重复提交数据的情况。例如，APP 和服务器的响应超时时间是 10 秒，服务器收到 APP 的请求后，在 11 秒内完成了处理，但此时 APP 会提示用户连接超时，用户往往会再次操作，APP 就向服务器发起重复请求。

3.2　安全方案

3.2.1　HTTP方法的使用

APP 和服务器的交互通常使用 HTTP 协议，常用的方法是 GET 和 POST。GET 方法的参数暴露在发送给服务器的 URL 里，且通常服务器端对 URL 的长度有限制；POST 方法的参数在 HTTP 请求的 BODY 体里，比 GET 方法安全且数据长度没有限制。从安全角度考虑，只要是带参数的请求，都应该使用 POST 方法。

APP 向服务器发送的 URL 请求通常是如下格式。

```
http://+域名+/+模块名+/+方法名
```

例如，http://www.test.com/customer/login 中包含的方法名为 login，对应的 JSON 数据如下所示。

```
{
  "version":1.0,
  "params":{
    "username":"aaa",
    "password":"123456"
  }
}
```

params 中包含此方法自身需要的参数。

还有一种方案是把方法名也作为参数，传给服务器，对应的 URL 如下所示。

http://www.test.com/customer（此网址仅举例用，并非一个可以真正访问的网址。）

对应的 JSON 数据如下所示。

```
{
  "method":"login",
  "version":1.0,
  "params":{
    "username":"aaa",
    "password":"123456"
  }
}
```

3.2.2 使用时间戳参数

如果黑客截获了 APP 向服务器发送的请求，就可以向服务器反复发送某个请求，对服务器实施攻击，导致服务器瘫痪。解决的方法是在 APP 向服务器发送的请求参数中增加时间戳参数，如服务器发现这个时间戳与服务器当前时间的间隔比较久，则可判定此请求失效，不予处理，避免被恶意攻击。

例如，APP 从服务器获取商品列表时，发送如下数据。

```
{
    "version":1.0,
    "timeStamp":1425065977,
    "authCode":"607a0aa16db850d06682d7711588ae46",
    "params":{
         "categoryId":1,
         "offset":0,
         "limit":10
    }
}
```

timeStamp 是 APP 发起此次请求的服务器当前时间，authCode 是根据 timeStamp 的数值按 MD5 算法或其他算法生成的验证码。timeStamp 和 authCode 是一一对应的关系，如果 timeStamp 的值变了，则 authCode 的值也随之变动。

服务器收到 APP 发的请求后，首先比较 timeStamp 的数值与服务器收到该请求的时间，若两者相差比较大（如相隔了 60 秒），则可能是黑客发起的非正常请求，服务器对此请求不予处理；如两者相差在允许范围内，则验证用 timeStamp 的数值按 APP 同样的算法生成的字符串内容是否和 APP 发送的 authCode 内容一致。

使用此方法，需要 APP 和服务器的时间保持同步。APP 在启动时，通过接口获取到服务器的时间并与 APP 的时间比较，如果不一致，APP 在计算 timeStamp 的数值时，需要把两者的差值也计算在内。

3.2.3　数据加密

数据加密有如下几种方式。

（1）使用 HTTPS 对 APP 和服务器的交互数据加密。

（2）使用 HTTP 协议，自行设计用对称加密或非对称加密方式加密。对称加密是加密、解密用同样的“钥匙”，非对称加密的加密、解密用不同的“钥匙”，建议采用更安全的非对称加密方式。

（3）使用 HTTP 协议，自行设计用 MD5 加密。许多 APP 的密码就是用 MD5 加密后传给服务器的。

3.2.4　密码的处理

APP 向服务器发送密码的时候，应先对密码进行加密，然后再发送。之前已经提过需要对传输过程加密，这样相当于对密码进行了两次加密。

存储在用户终端设备或服务器中的密码也都是要加密后再存储，不能存储明文（最好不要在用户终端设备中存储密码，以防被盗取和破解）。

3.2.5　数据的存储

一些比较重要的数据，如支付宝和微信支付都会用到密钥文件，这类文件最好存储在服务器中，不要存储在用户终端设备中。

3.3　登录方式

3.3.1　账号+密码

账号 + 密码的登录方式又分为以下两种。

（1）密码由人工设置，用户需要记住密码，且密码一旦确定，用户不会经常变更，此种方式容易被破解和利用。

（2）每次登录时，服务器端动态生成密码，然后用短信发给用户。此密码只有在限定的时间内使用才有效，有效期一过，密码自动失效。用户无需记住密码，且密码在每次登录时随机变更，此种方式不容易被破解和利用。

用户只有使用合法的手机号，才能登录使用 APP，从而有效地鉴定用户身份。

3.3.2　账号+密码+验证码

账号 + 密码 + 验证码的方式又分为以下两种。

（1）由 APP 或服务器生成验证码，验证码直接在 APP 的登录界面显示出来。

如果由 APP 生成验证码，则在 APP 端可以判断用户输入的验证码是否有效，APP 不必把验证码发给服务器。

如果由服务器生成验证码，APP 必须把验证码与账号、密码一起发给服务器，由服务器判断验证码是否有效。如果验证码有效，再判断账号和密码是否有效。

（2）用户每次登录时，服务器利用短信发送验证码到用户手机，此验证码只有在限定的时间内使用才有效，有效期一过，验证码自动失效。

APP 必须把验证码与账号、密码一起发给服务器，由服务器判断验证码是否有效；如果验证码有效，再判断账号和密码是否有效。

用户只有使用合法的手机号，才能登录使用 APP，也可以有效地鉴定用户身份。

3.4 登录状态的维持

目前 APP 大都支持长登录，就是用户登录一次后，如果用户没有主动注销、清除 APP 缓存数据或卸载 APP，就可以在一段时间内一直保持登录状态。

3.4.1 利用Token实现

APP 登录成功后，服务器以某种方式，如随机生成 N 位的字符串作为 Token，同时设置一个有效期，存储到服务器中，并返回 Token 给 APP，APP 把此 Token 的值保存在本地。

后续 APP 在发送请求时，都要带上该 Token。每次服务器端收到请求时，都要验证 Token 和有效期，Token 数值正确且在有效期内，服务器返回所需要的结果，否则返回错误信息，提示用户重新登录。

登录成功后，服务器返回数据给 APP，如下所示。

```
{
    "code": 800 //表示登录成功
    "result":{
        "token":"abcd1234"
    }
}
```

APP 再次发送请求时，把接收到的 Token 值也发送给服务器，如下所示。

```
{
    "version":1.0,
    "token":"abcd1234",
```

```
        "params":{
            "categoryId":1,
            "offset":0,
            "limit":10
        }
    }
```

3.4.2 利用Cookie实现

APP 登录成功后，服务器创建一个包含 SessionId 和 Expires 两个属性值的 Cookie，存储在服务器中，并发送给 APP。

后续 APP 发送请求时，都要带上一个包含此 SessionId 的 Cookie。服务器每次收到请求时，都要验证 SessionId和有效期，SessionId数值正确且在有效期内，服务器返回所需要的结果，否则返回错误信息，提示用户重新登录。这种方式类似浏览器的认证方式。

当 APP 登录成功后，服务器端返回 Cookie 给 APP，如图 3-2 所示。

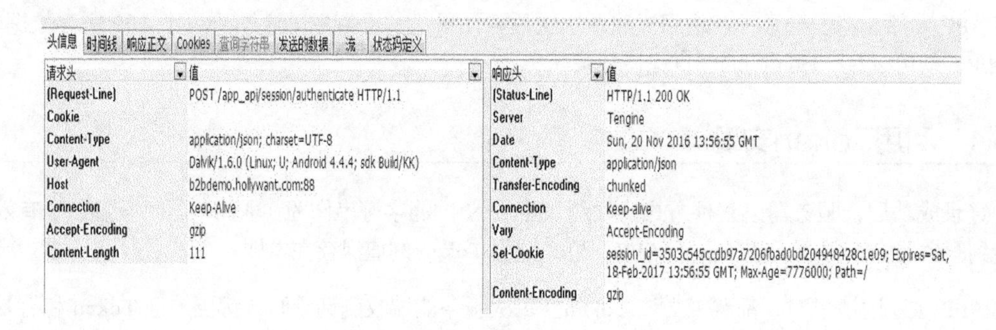

头信息 | 时间线 | 响应正文 | Cookies | 查询字符串 | 发送的数据 | 流 | 状态码定义

请求头	值
(Request-Line)	POST /app_api/session/authenticate HTTP/1.1
Cookie	
Content-Type	application/json; charset=UTF-8
User-Agent	Dalvik/1.6.0 (Linux; U; Android 4.4.4; sdk Build/KK)
Host	b2bdemo.hollywant.com:88
Connection	Keep-Alive
Accept-Encoding	gzip
Content-Length	111

响应头	值
(Status-Line)	HTTP/1.1 200 OK
Server	Tengine
Date	Sun, 20 Nov 2016 13:56:55 GMT
Content-Type	application/json
Transfer-Encoding	chunked
Connection	keep-alive
Vary	Accept-Encoding
Set-Cookie	session_id=3503c545ccdb97a7206fbad0bd204948428c1e09; Expires=Sat, 18-Feb-2017 13:56:55 GMT; Max-Age=7776000; Path=/
Content-Encoding	gzip

图3-2

APP 后续再发起请求时，把之前获取的 Cookie 信息发送给服务器，如图 3-3 所示。

头信息 | 时间线 | 响应正文 | Cookies | 查询字符串 | 发送的数据 | 流 | 状态码定义

请求头	值
(Request-Line)	POST /app_api/user/user_info HTTP/1.1
Cookie	session_id=3503c545ccdb97a7206fbad0bd204948428c1e09; Expires=Sat, 18-Feb-2017 13:56:55 GMT; Max-Age=7776000; Path=/
Content-Type	application/json; charset=UTF-8
User-Agent	Dalvik/1.6.0 (Linux; U; Android 4.4.4; sdk Build/KK)
Host	b2bdemo.hollywant.com:88
Connection	Keep-Alive
Accept-Encoding	gzip
Content-Length	55

响应头	值
(Status-Line)	HTTP/1.1 200 OK
Server	Tengine
Date	Sun, 20 Nov 2016 13:57:01 GMT
Content-Type	application/json
Transfer-Encoding	chunked
Connection	keep-alive
Vary	Accept-Encoding
Set-Cookie	session_id=3503c545ccdb97a7206fbad0bd204948428c1e09; Expires=Sat, 18-Feb-2017 13:57:01 GMT; Max-Age=7776000; Path=/
Content-Encoding	gzip

图3-3

3.4.3 利用账号和密码实现

APP 登录成功后，每次发送请求时都把账号和密码也发送给服务器，服务器每次收到请求都要验证账号和密码。如果用户没有登录或已注销，发送请求时就不会把账号和密码发送给服务器。

例如，账号是 aaaa，密码是 123abc，登录成功后，APP 后续发送请求时，可按如下形式：

```
{
    "version":1.0,
    "authCode":"070cb3abda10fa1d50e4b0c2b71ac561", // "aaaa+123abc"的MD5数值
    "params":{
        "categoryId":1,
        "offset":0,
        "limit":10
    }
}
```

服务器记录处于登录状态的账号和密码的 MD5 数值，与 APP 端上传的数值进行比较，判断账号和密码是否有效。

3.5 数据同步方案

3.5.1 文件的同步

通常图片都需要在 APP 端做缓存处理，所以从服务器返回图片链接的时候，一定要同时返回图片最新修改的时间戳。APP 将本地存储图片的时间戳和从服务器获取的时间戳进行对比，判断是否需要更新本地缓存的图片。

服务器返回一个“modification_time”字段，用于表示图片的修改时间，如下所示。

```
{
    "image":{
        "modification_time":1525065977
        "image_url":"http://www.test.com/image/test.jpg"
    }
}
```

对于其余类型的数据文件，可以用时间戳，也可以用版本号作为是否更新的依据，而且最好把版本号或时间戳保存在数据文件里。

在保存地址数据的 JSON 格式文件里，使用 version 字段表示版本号，如图 3-4 所示。

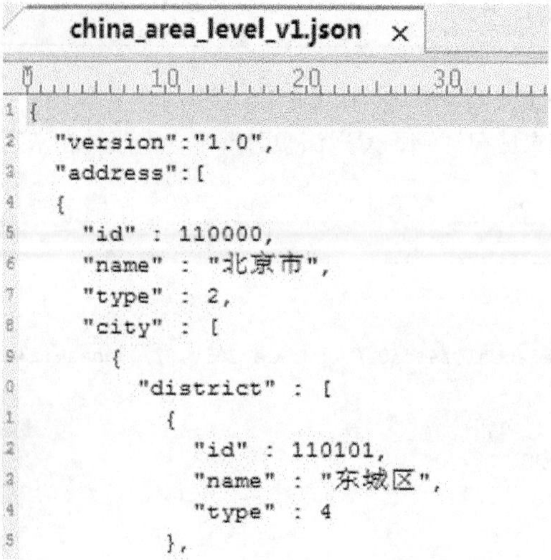

```
china_area_level_v1.json
{
  "version":"1.0",
  "address":[
  {
    "id" : 110000,
    "name" : "北京市",
    "type" : 2,
    "city" : [
      {
        "district" : [
          {
            "id" : 110101,
            "name" : "东城区",
            "type" : 4
          },
```

图3-4

当前文件的版本号为 1.0。

用户在使用 APP 时，如果遇到和这个数据文件相关的问题，打开文件后，根据版本号就很容易知道与最新的数据文件有什么不同，便于解决问题。

对于一些二进制文件，不方便在文件数据里增加版本号或时间戳，就只能像图片文件一样，服务器返回给 APP 特定的字段表示版本号或修改时间。APP 端除了保存文件外，还需要保存这个字段的数值。

3.5.2　地址数据的同步

由于中国行政区域地址数据比较大，做成 JSON 格式文件有 400 多 K，压缩后也有 30 多 K，用户使用 APP 编辑地址数据时，如每次都从服务器下载这些数据，比较耗费数据流量、数据下载时间和解析时间，会导致客户体验不好，有以下 4 种解决方案。

（1）在服务器和 APP 中都内置一个包含地址数据的文件，在地址编辑界面会先获取服务器端的地址数据文件版本号或时间戳，并和本地数据文件的版本号或时间戳进行比较，如果一致就启用本地的文件，如果不一致就从服务器下载新的文件并覆盖本地的文件。

毕竟地址数据不会经常变更，这样就大大减少了从服务器获取数据的次数，从而改善用户体验。

为了进一步减少传输的数据量，还可以采用增量更新机制。服务器每次只把有变动的地址数据发给 APP，并在每个有变动的地址数据中增加一个字段，用于区别数据变动属于增、删和改中的哪种情况。APP 根据数据变动的类型，处理存放在本地的数据。

（2）如果 APP 支持定位功能或在首页让用户选择当前所在的地区，如自动定位到上海，或用户选择了上海，则在地址编辑界面从服务器只获取上海市的二、三级地址数据，这样从服务器获取的数据量就很小了，而且可以始终获取到最新数据。

（3）可以根据用户当前设备的 IP 地址判断用户所在的地区。在地址编辑界面，从服务器只获取用户所在地区的二、三级地址数据，那么从服务器获取的数据量就很小了，还可以始终获取到最新数据。

（4）因为直辖市、省和自治区这些一级地址区域的名称基本不会改变，所以可以把这些数据内置在 APP 中。在地址编辑界面，首先让用户选择一级地址区域，然后再从服务器获取所选区域的二、三级地址数据，那么从服务器获取的数据量就很小了，还可以始终获取到最新数据。

3.5.3 非地址数据的同步

（1）用数据变更的时间戳判断是否更新 APP 本地的数据。

例如，电商 APP 与电商网站之间的购物车和收藏夹等数据的同步（用户可能会随时改变数据），就可以采用时间戳作为判断依据，具体方案如下所述。

- 用户通过 APP 或浏览器修改购物车数据时，都要保存修改的时间点，且把时间点上传到服务器。
- 用户通过 APP 或浏览器发起更新购物车数据的请求时，把本地保存的上次修改的时间点发给服务器，服务器把这个时间点和之前保存的时间点进行比较。如果服务器端的时间点比较新，就把服务器的购物车数据返回给 APP 或浏览器；否则不返回购物车数据。

（2）用数据失效的时间戳判断是否更新 APP 本地的数据，就是用数据变更的时间戳加上数据有效期来进行判断。

电商 APP 从服务器获取的商品数据有一定的时效性，为了减少和服务器的交互，就可以采用此方式判断是否需要从服务器更新数据。

例如，服务器向 APP 返回商品详情数据时，除了商品属性外，还要加上数据失效的时间戳，如下所示：

```
{
    "product":{
        "expiry_time":1625065977
        "name":"铅笔"
        "price":1.00
        "image_url":"http://www.test.com/image/test.jpg"
    }
}
```

APP 每次进入商品详情界面时，通过比较当前时间和本地存储的数据失效时间戳，来判断是从服务器获取数据，还是用本地缓存的数据。

以上两种方式都需要保证 APP 和服务器的时间同步。

（3）用 PUSH 机制推送实现。

电商 APP 的首页通常有视频或图片广告，这些广告的数据量都比较大，如每次进入首页都要从服务器获取，比较浪费流量。每次服务器端变更了数据，APP 端又需要及时更新，这时就可以用 PUSH 机制推送，即服务器端变更数据时发送 PUSH 消息给 APP，APP 就从服务器获取数据。若 APP 没有收到 PUSH 消息，则使用本地存储的数据。

有些数据，像用户账号，通常在服务器端和 APP 端都会保存。如果在 APP 端修改这样的数据，最好是先向服务器发送修改请求，等接收到服务器成功修改数据的消息后，再修改本地存储的数据；如果服务器修改数据失败，就不修改本地存储的数据，这样可以避免 APP 端修改了，服务器端没有修改的情况发生，保持两者的数据同步。

3.6 业务逻辑的实现

目前用户使用的手机硬件性能与服务器相差甚远，尤其是 Android 手机，千元机以下的低端机占据很大份额，所以对数据的处理和业务逻辑等能在服务器端实现的，尽量在服务器端实现，APP 端只负责显示和处理用户交互。

这样可以减少 APP 对系统资源的消耗，改善用户体验；且当业务逻辑发生变化时，只需更新服务器的代码，不需要用户升级 APP，有利于整个系统的运营、维护和升级。

存储在 APP 自身文件夹里的数据，在用户清除缓存或卸载 APP 时会被清除，所以在把数据存储在本地的同时，最好也要同步存储在服务器端，或只把数据存储在服务器端，用户查看时从服务器下载，如购物车和收藏夹等数据。

验证安全的功能都放在服务器端实现，如对密码的校验，不在 APP 内做任何验证。如果要做验证，势必会在 APP 端存放一些敏感数据，APP 一旦被破解，后果很严重。

APP 在向服务器发送请求时，在 HTTP 的请求头中应添加要求支持 gzip 的 key–value，设置 Accept–Encoding 的类型为 gzip，服务器应把数据使用 gzip 压缩后再返回给 APP，以减少数据流量，加快 APP 响应速度。

若支持一个账号在多个设备上同时登录，用户在某个设备上修改账号和密码后，服务器应自动注销其余设备上此账号的登录状态。

3.7 接口文档的维护

接口文档通常由服务器端负责接口开发的同事维护，对于每个接口的描述，应包括以下内容。

- 请求 URL。
- 接口的负责人名称。

- 请求方法（GET 或 POST 等）。
- 接口版本号。
- APP 端应发送的数据和格式，及数据中每个字段的类型。
- 服务器端的处理成功时，返回的数据和格式及数据中每个字段的类型。
- 服务器端的处理失败时，返回的数据和格式及数据中每个字段的类型。

可以使用版本管理工具，如 SVN 管理接口文档。每次把文档提交到服务器时，都要填写修改说明，方便 APP 开发人员和测试人员了解接口的变更。也可以使用在线 API 接口文档管理工具管理接口文档。

第4章 字符编码

在开发 APP 时会遇到字符显示及与服务器间传输字符的情况，尤其是中文字符和一些特殊字符，会涉及字符编码的处理，下面对字符编码做个简单的介绍。

4.1 字符集

1. ASCII及其扩展字符集

作用：英语及西欧语言。

位数：ASCII 是用 7 位表示的，能表示 128 个字符；其扩展使用 8 位表示，表示 256 个字符。

范围：ASCII 从 00 到 7F，扩展从 00 到 FF。

2．ISO-8859-1字符集

作用：扩展 ASCII，表示西欧和希腊语等。

位数：1 个字节。

范围：从 00 到 FF，兼容 ASCII 字符集。

3. GB2312字符集

作用：国家简体中文字符集，兼容 ASCII。

位数：2 个字节。

范围：高字节从 A1 到 F7, 低字节从 A1 到 FE。将高字节和低字节分别加上 0XA0 即可得到编码。

4. BIG5字符集

作用：统一繁体字编码。

位数：2 个字节。

范围：高字节从 A1 到 F9，低字节从 40 到 7E，A1 到 FE。

5. GBK字符集

作用：它是 GB2312 的扩展，加入对繁体字的支持，兼容 GB2312。

位数：2 个字节。

范围：高字节从 81 到 FE，低字节从 40 到 FE。

6. GB18030字符集

作用：它解决了中文、日文和朝鲜语等的编码，兼容 GBK。

位数：采用变长字节表示字符（1 字节、2 字节和 4 字节）。

范围：1 字节从 00 到 7F; 2 字节高字节从 81 到 FE，低字节从 40 到 7E 和 80 到 FE；4 字节中第一、三字节从 81 到 FE，第二、四字节从 30 到 39。

7. UCS字符集

作用：国际标准 ISO 10646 定义了通用字符集（Universal Character Set）。它是与 UNICODE 同类的组织，UCS-2 和 UNICODE 兼容。

位数：有 UCS-2 和 UCS-4 两种格式，分别是 2 字节和 4 字节。

范围：目前，UCS-4 只是在 UCS-2 前面加了 0×0000。

8. UNICODE字符集

作用：为世界 650 种语言进行统一编码，兼容 ISO-8859-1。

位数：UNICODE 字符集有多个编码方式，分别是 UTF-8、UTF-16 和 UTF-32。

4.2　字符编码

1. UTF-8

采用变长字节表示字符，最多可用到 6 个字节。

2. UTF-16

采用 2 字节，Unicode 中不同部分的字符同样基于现有的标准，这是为了便于转换。

从 0×0000 到 0×007F 是 ASCII 字符，从 0×0080 到 0×00FF 是 ISO-8859-1 对 ASCII 的扩展。

希腊字母表使用从 0×0370 到 0×03FF 的代码，斯拉夫语使用从 0×0400 到 0×04FF 的代码，美国使用从 0×0530 到 0×058F 的代码，希伯来语使用从 0×0590 到 0×05FF 的代码。

中国、日本和韩国的象形文字（总称为 CJK）占用了从 0×3000 到 0×9FFF 的代码；由于 0×00 在 C 语言及操作系统文件名中有特殊意义，很多情况下需要 UTF-8 编码保存文本，去掉这个 0×00。举例如下：

UTF-16：0×0080 = 0000 0000 1000 0000

UTF-8：0xC280 = 1100 0010 1000 0000

UTF-32：采用 4 字节。

3. UTF-8、UTF-16和UTF-32的优缺点

UTF-8、UTF-16 和 UTF-32 都可以表示有效编码空间（U+000000 ~ U+10FFFF）内的所有 Unicode 字符。

使用 UTF-8 编码时 ASCII 字符只占 1 个字节，存储效率比较高，适用于拉丁字符较多的场合以节省空间。

对于大多数非拉丁字符（如中文和日文）来说，UTF-16 所需存储空间最小，每个字符只占 2 个字节。

采用 UTF-16 和 UTF-32 会有 Big Endian 和 Little Endian 之分，而 UTF-8 则没有字节顺序问题，所以 UTF-8 适合传输和通信。

UTF-32 采用 4 字节编码，一方面处理速度比较快，但另一方面也浪费了大量空间，影响传输速度，因而很少使用。

4.3 字节序

根据设备使用的不同处理器，将字节序分为 Big Endian 字节序和 Little Endian 字节序。对于前者而言，高位字节存在低地址，低字节存于高地址；后者与之相反。

例如，0XFEAB

Big Endian 字节序是：

0000: FE

0001: AB

Little Endian 字节序是：

0000: AB

0001: FE

第5章 TCP/IP概述

5.1 协议简介

大多数 APP 都要通过网络连接服务器，网络协议通常分不同层次进行开发，每一层分别负责不同的通信功能。最常用的 TCP/IP 通常被认为是一个 4 层协议系统，如图 5-1 所示。

应用层
传输层
网络层
链路层

图5-1

TCP/IP 协议族的每一层分别负责不同的功能，从下到到上各层功能如下所述。

- 链路层，有时也称作数据链路层或网络接口层。通常包括操作系统中的设备驱动程序和计算机中对应的网络接口卡，它们一起处理与电缆（或其他任何传输媒介）的物理接口细节。
- 网络层，有时也称作互联网层。它负责处理分组在网络中的活动，例如分组的选路。在 TCP/IP 协议族中，网络层协议包括 IP 协议（网际协议）、ICMP 协议（Internet 互联网控制报文协议）和 IGMP 协议（Internet 组管理协议）。
- 传输层，主要为两台主机上的应用程序提供端到端的通信。在 TCP/IP 协议族中，有两个互不相同的传输协议：TCP（传输控制协议）和 UDP（用户数据报协议）。
- 应用层负责包装和解析数据，它支持的应用层协议有：文件传输协议 FTP、电子邮件传输协议 SMTP、域名系统服务 DNS、网络新闻传输协议 NNTP、HTTP 和 XMPP 协议等。

5.2 TCP和UDP的区别

5.2.1 面向连接服务

TCP 提供的是面向连接服务，传输数据要经过以下 3 个阶段。

- 数据传输前先建立连接。
- 连接建立后再传输数据。
- 数据传送完后，释放连接。

TCP 所做的工作包括将应用程序交给它的数据分成合适的小块交给下面的网络层、确认接收到的分组和设置发送最后确认分组的超时时钟等，从而确保数据传送的次序和传输的可靠性。由于传输层提供了高可靠性的端到端的通信，应用层可以忽略这些细节。

5.2.2 无连接服务

UDP 提供的是无连接服务，即只有传输数据阶段，消除了除数据通信外的其他开销，只要发送实体是活跃的，无须接收实体是活跃的。UDP 传送数据前并不与对方建立连接，对接收到的数据也不发送确认信号，发送端不知道数据是否会正确接收，当然也不用重发。UDP 只是把称作数据报的分组从一台主机发送到另一台主机，但并不保证该数据报能到达另一端。任何必需的可靠性由应用层来提供。

UDP 在底层协议的封装上没有采用类似 TCP 的“三次握手”，且不必进行收发数据的确认。其优点是开销小、数据传输速率高、实时性更好；但无连接服务不能防止报文的丢失、重复或失序，是一种不可靠的数据传输协议。

开发人员可以自己实现对 UDP 的数据收发进行验证，比如发送方对每个数据包进行编号，然后由接收方进行验证，确保数据传送的次序和传输的可靠性。

区分 TCP 和 UDP 特别简单，就好比打电话和写信。两个人如果要通电话，必须先建立连接——拨号，等待应答后才能相互传递信息，最后还要释放连接——挂电话；写信就没有那么复杂了，地址和姓名填好以后直接往邮筒一扔就可以了。

第6章 HTTP网络请求

6.1　HTTP简介

6.1.1　协议

HTTP 协议即超文本传送协议（HyperText Transfer Protocol），是 APP 连接服务器使用最多的协议。

HTTP 连接最显著的特点是客户端发送的每次请求都需要服务器回送响应，在请求结束后会主动释放连接。从建立连接到关闭连接的过程称为“一次连接”。

在 HTTP 1.0 中，客户端的每次请求都要求建立一次单独的连接，在处理完本次请求后，就自动释放连接；在 HTTP 1.1 中则可以在一次连接中处理多个请求，并且多个请求可以重叠进行，不需要等待一个请求结束后再发送下一个请求。

HTTP 协议采用了请求 / 响应模型，即客户端向服务器发起请求，然后服务器返回结果数据，客户端解析结果数据后，再把数据展示给用户。

6.1.2　HTTP方法

1. 方法

HTTP 1.1 协议中常用的有以下几种方法。

（1）OPTIONS

返回服务器针对特定资源所支持的 HTTP 请求方法。也可以利用向 Web 服务器发送 '*' 的请求来测试服务器的功能性。

（2）HEAD

向服务器索要与 GET 请求相一致的响应，只不过响应体将不会被返回。这一方法在不必传输整个响应内容的情况下，就可以获取包含在响应消息头中的元信息。

（3）GET

向特定的资源发出请求。

（4）POST

向指定资源提交数据进行处理请求（例如提交表单或者上传文件）。数据被包含在请求体中。POST 请求可能会导致新资源的建立或已有资源的修改。

（5）PUT

用于更新某个资源较完整的内容，比如说用户要重填表单，更新所有信息。注意 PUT 只对已有资源进行更新操作。

（6）DELETE

请求服务器删除 Request-URI 所标识的资源。

（7）TRACE

回显服务器收到的请求，主要用于测试或诊断。

（8）PATCH

用于资源部分内容的更新，例如用户信息中包含电话号码和其他字段，可以使用 PATCH 方法只更新电话号码字段内容。当资源不存在的时候，PATCH 可能会去创建一个新的资源。

2. GET与POST的区别

在 HTTP 方法中，GET 和 POST 是用得最多的两种方法。大多数 APP 只使用这两种方法，有些甚至只使用 POST 方法。

GET 与 POST 两种方法的区别如下所述。

- GET 通常用于从服务器上获取数据，POST 用于向服务器传送数据。
- POST 通常比 GET 传送的数据量大。
- GET 方法提交的数据放置在 URL 或头字段中，而 POST 提交的数据则放在 BODY 体中，比使用 GET 方法安全。

在既可以使用 GET 方法，也可以使用 POST 方法的情况下，从安全的角度考虑，建议使用 POST 方法。

6.1.3 HTTP消息

HTTP 消息包括客户端发给服务器的请求消息（Request）和服务器发给客户端的响应消息（Response）。这两种类型的消息由一个起始行、一个或者多个头字段、一个指示头字段结束的空行和可选的消息体组成。

1. 请求消息

请求消息的格式如下：

```
Request-Line
*(( general-header
| request-header
| entity-header ) CRLF)
CRLF
[ message-body ]
```

第一行为下面的格式：

```
Method SP Request-URI SP HTTP-Version CRLF
```

- Method 表示对于 Request-URI 完成的方法，这个字段是大小写敏感的，包括 OPTIONS、GET、HEAD、POST、PUT、DELETE 和 TRACE 等方法。
- SP 表示空格。
- Request-URI 遵循 URI 格式，当此字段为星号（*）时，说明请求并不用于某个特定的资源地址，而是用于服务器本身。
- HTTP-Version 表示支持的 HTTP 版本，例如为 HTTP 1.1。
- CRLF 表示换行回车符。
- 第一行和空行之间是头字段区域，包含通用头字段、请求头字段和实体头字段。
- 最后一部分是消息体，对于 APP 使用最多的两个方法，GET 方法是没有消息体的，POST 方法有消息体。

请求消息示例：

```
    //请求行
    GET /app_api/session/authenticate HTTP/1.1
    //头字段区域
    Host: www.xjbclz.com
    Connection: keep-alive
    Cache-Control: no-cache
    Content-Type: application/json
    //利用头字段传递参数给服务器
    userName: xjbclz
    password: 123456
    User-Agent: Mozilla/5.0 (Windows NT 6.1; WOW64) AppleWebKit/537.36
(KHTML, like Gecko) Chrome/50.0.2661.102 Safari/537.36
    Postman-Token: 5527afec-5280-eae3-0aae-0de41e931a94
    Accept: */*
    Accept-Encoding: gzip, deflate, sdch
    Accept-Language: zh-CN,zh;q=0.8,en;q=0.6
    Cookie: session_id=800564826bb38ebc52da95aa7a55c8cf5af62a67
```

以上为 GET 方法，没有消息体。下面是 POST 方法，有消息体。

```
    //请求行
    POST /app_api/session/authenticate HTTP/1.1
    //头字段区域
```

```
Host: www.xjbclz.com
Connection: keep-alive
Content-Length: 165
Cache-Control: no-cache
Origin: chrome-extension://fhbjgbiflinjbdggehcddcbncdddomop
Content-Type: application/json
User-Agent: Mozilla/5.0 (Windows NT 6.1; WOW64) AppleWebKit/537.36
(KHTML, like Gecko) Chrome/50.0.2661.102 Safari/537.36
Postman-Token: 972eb99a-3c40-1250-7cf1-89ecabca995e
Accept: */*
Accept-Encoding: gzip, deflate
Accept-Language: zh-CN,zh;q=0.8,en;q=0.6
Cookie: session_id=800564826bb38ebc52da95aa7a55c8cf5af62a67
//消息体
{
    "params":{
        "useName":"xjbclz",
        "password":"123456"
    }
}
```

2. 响应消息

响应消息的格式如下：

```
Status-Line
*(( general-header
| response-header
|entity-header)CRLF)
CRLF
[ message-body ]
```

第一行为下面的格式：

```
HTTP-Version SP Status-Code SP Reason-Phrase CRLF
```

- HTTP-Version 表示支持的 HTTP 版本，例如为 HTTP 1.1。
- Status-Code 是一个三个数字的结果状态码。Reason-Phrase 给 Status-Code 提供了一个简单的文本描述。Status-Code 主要用于机器自动识别，Reason-Phrase 主要用于帮助用户理解。
- 第一行到空行之间是头字段区域，包含通用头字段、响应头字段和实体头字段。
- 最后一部分是消息体。

响应消息示例：

```
//状态行
HTTP/1.1 400 BAD REQUEST
//头字段区域
Server: Tengine
Date: Sun, 19 Feb 2017 07:32:36 GMT
Content-Type: text/html
Content-Length: 137
Connection: keep-alive
//消息体
<!DOCTYPE HTML PUBLIC "-//W3C//DTD HTML 3.2 Final//EN">
<title>400 Bad Request</title>
<h1>Bad Request</h1>
<p>Invalid JSON data:  ' '</p>
```

6.1.4　HTTP头字段介绍

HTTP 的头字段包括通用头、请求头、响应头和实体头 4 种类型。

每个头字段由一个字段名、冒号（:）和字段值 3 部分组成，且字段名与大小写无关。

用户也可以在请求头字段区域或响应头字段区域添加自己定义的头字段。

1. 通用头字段

通用头字段指客户端发送的请求消息和服务器端的响应消息都支持的头字段，包含如下字段。

（1）Cache-Control

Cache-Control 是指定请求和响应遵循的缓存机制。在请求消息或响应消息中设置 Cache-Control 并不会修改另一个消息处理过程中的缓存处理过程。请求时的缓存指令包括 no-cache、no-store、max-age、max-stale、min-fresh、only-if- cached，响应消息中的指令包括 public、private、no-cache、no-store、no-transform、must- revalidate、proxy-revalidate、max-age。

各个消息中的指令含义如下所述。

- Public 指示响应可被任何缓存区缓存。
- Private 指示对于单个用户的整个或部分响应消息，不能被共享缓存处理。这允许服务器仅仅描述当前用户的部分响应消息，此响应消息对于其他用户的请求无效。
- no-cache 指示请求或响应消息不能缓存。
- no-store 用于防止重要的信息被无意发布。在请求消息中发送将使得请求和响应消息都不使用缓存。

- max-age 指示客户端可以接收生存期不大于指定时间（以秒为单位）的响应。
- min-fresh 指示客户端可以接收响应时间小于当前时间加上指定时间的响应。
- max-stale 指示客户端可以接收超出超时期间的响应消息。如果指定 max-stale 消息的值，那么客户端可以接收超出超时期指定值之内的响应消息。

APP 如果需要对从服务器获取的数据做缓存处理，可能就会用到 Cache-Control 的相关指令。

（2）Keep-Alive

Keep-Alive 功能使客户端到服务器端的连接持续有效，当出现对服务器的后继请求时，Keep-Alive 功能避免了重新建立连接。

对于提供静态内容的网站来说，这个功能通常很有用。但是，对于负担较重的网站来说，这里存在另外一个问题，虽然为客户保留打开的连接有一定的好处，但它同样影响了性能，因为在处理暂停期间本来可以释放的资源仍旧被占用。

（3）Date

表示消息发送的时间，时间的描述格式由 rfc822 定义，且描述的时间是世界标准时间，非本地时间。

（4）Pragma

用来包含实现特定的指令，最常用的是 Pragma:no-cache。在 HTTP 1.1 协议中，它的含义和 Cache-Control:no-cache 相同。

（5）Host

指定请求资源的 Intenet 主机和端口号，必须表示请求 URL 的原始服务器或网关的位置。HTTP 1.1 请求必须包含主机头域，否则系统会以 400 状态码返回。

（6）Referer

允许客户端指定请求 URI 的源资源地址，也允许废除的或错误的连接由于维护的目的被追踪。如果请求的 URI 没有自己的 URI 地址，Referer 不能被发送；如果指定的是部分 URI 地址，则此地址应该是一个相对地址。

（7）Range

可以请求实体的一个或者多个子范围。

- 表示头 500 个字节：bytes=0-499
- 表示第二个 500 字节：bytes=500-999
- 表示最后 500 个字节：bytes=-500

- 表示 500 字节以后的范围：bytes=500-
- 第一个和最后一个字节：bytes=0-0,-1
- 同时指定几个范围：bytes=500-600,601-999

但是服务器可以忽略此请求头，如果 GET 请求包含 Range 请求头，响应会以状态码 206（PartialContent）返回而不是以 200（OK）返回。

APP 如果做断点续传功能，需要设置 Range 的数值。

2. 请求头字段

允许客户端向服务器传递关于请求或者关于客户端的附加信息。请求头字段包含以下字段。

（1）Accept

客户端告诉服务器自己接受什么介质类型，*/* 表示任何类型，type/* 表示该类型下的所有子类型，如 type/sub-type。

（2）Accept-Charset

客户端申明自己可接收的字符集。

（3）Authorization

当客户端接收到来自服务器的 WWW-Authenticate 响应时，用该头部来回应自己的身份验证信息给服务器。

（4）Accept-Encoding

客户端申明自己接收的编码类型，通常指定压缩方法、是否支持压缩以及支持什么压缩方法（gzip，deflate）。

当设置类型为 gzip 时，服务器端会把数据按 gzip 方式进行压缩后再发送给 APP，可以减少传输的数据量，从而减少用户的流量消耗。

（5）User-Agent

标示发出请求的用户类型。

3. 响应头字段

允许服务器传递不能放在状态行的附加信息，这些字段主要描述服务器的信息和 Request-URI 进一步的信息，包含以下字段。

（1）Location

Location 用于重定向接收者到一个新 URI 地址。

（2）Server

Server 包含处理请求的原始服务器的软件信息。

4. 实体头字段

请求消息和响应消息都可以包含实体（消息体）信息，实体信息一般由实体头字段和实体组成。

实体头字段包含关于实体的原信息，包括如下字段。

（1）Content-Type

用于向接收方指示实体的介质类型。

目前 APP 与服务器间传输的数据大多使用 JSON 格式，此字段的内容设置如下：

```
    “application/json; charset=utf-8”
```

（2）Content-Range

表示发送的实体数据的范围或位置，也指示了整个实体的长度。当服务器向客户端返回实体的部分数据时，必须描述响应覆盖的范围和整个实体长度。一般格式如下：

```
    Content-Range: bytes-unit SP first-byte-pos-last-byte-pos/entity-legth
```

例如，传送头 500 个字节字段的形式：Content- Range:bytes0-499/1234。其中 Content- Range 表示传送的范围。

（3）Content-Length

表示实体的整体长度。

（4）Last-modified

表示服务器上保存内容的最后修订时间。

6.1.5 Keep-Alive模式介绍

HTTP 协议采用“请求—应答”模式，当使用普通模式，即非 Keep-Alive 模式时，每个请求 / 应答客户和服务器都要新建一个连接，完成之后立即断开连接；当使用 Keep-Alive 模式（又称持久连接、连接重用）时，Keep-Alive 功能使客户端与服务器间的连接持续有效，当出现对服务器的后继请求时，Keep-Alive 功能避免了建立或者重新建立连接，传输性能更高效。

HTTP 1.0 中默认是关闭 Keep-Alive 模式的，需要在 HTTP 头加入“Connection: Keep-Alive”，才能启用 Keep-Alive；HTTP 1.1 中默认启用 Keep-Alive 模式，在 HTTP 头加入“Connection: close ”才可关闭。

6.1.6 HTTP状态码简介

HTTP 的状态码分为如下 5 种类型。

- 1xx：信息响应类，表示接收到请求并且继续处理。
- 2xx：处理成功响应类，表示动作被成功接收、理解和接受。
- 3xx：重定向响应类，为了完成指定的动作，必须接受进一步处理。
- 4xx：客户端错误，客户请求包含语法错误或者是不能正确执行。
- 5xx：服务端错误，服务器不能正确执行一个正确的请求。

常见状态码的含义如下所述。

- 200 OK：服务器端收到客户端的请求后，正常处理完成客户端的响应，并把结果返回给客户端。
- 400 Bad Request：客户端请求的语法或参数有误，当前请求无法被服务器理解执行。
- 401Unauthorized：客户端的请求未经授权，这个状态码必须和 WWW-Authenticate 字段一起使用。
- 403 Forbidden：服务器已经理解客户端的请求，但是拒绝执行它。
- 404 Not Found：请求失败，请求所希望得到的资源未在服务器上发现，如客户端发起请求的 URL 不对。
- 500 Internal Server Error：服务器遇到了一个未曾预料的状况，导致它无法完成对请求的处理。
- 502 Bad Gateway：作为网关或者代理工作的服务器尝试执行请求时出错。

6.2 Cookie简介

6.2.1 Cookie

HTTP 是一种无状态性的协议。这是因为此种协议不要求客户端（如浏览器）在每次请求中标明它自己的身份。

保持应用程序状态的第一步就是要知道如何来唯一地标识每个客户端。因为只有在 HTTP 的请求中携带的信息才能用来标识客户端，所以在请求中必须包含某种可以用来标识客户端唯一身份的信息。

Cookie 是作为 HTTP 的一个扩展诞生的，其主要用途是弥补 HTTP 的无状态特性，提供了一种保持客户端与服务器端之间状态的机制。

有两个 HTTP 头部是专门负责设置以及发送 Cookie 的，它们分别是 Set-Cookie 以及 Cookie。当服务器返回给客户端一个 HTTP 响应消息时，其中如果包含 Set-Cookie 这个头字段，就是指示客户端需要保存服务器返回的 Cookie 信息，并且在后续的 HTTP 请求中自动发送这个 Cookie 信息到服务器端，直到这个 Cookie 过期；如果 Cookie 的生存时间是整个会话期间的话，那么客户端只需将 Cookie 保存在内存中，客户端关闭时就会自动清除这个 Cookie。另外一种情况就是保存在客户端的硬盘中，客户端关闭的话，该 Cookie 也不会被清除，下次打开客户端连接服务器时，这个 Cookie 就会自动再次被发送给服务器。

Cookie 有一个 Expires（有效期）属性，这个属性决定了 Cookie 在客户端的保存时间，服务器可以通过设定 Expires 字段的数值，来改变 Cookie 的保存时间。通常情况下，Cookie 包含 Server、Expires、Name、value 这几个字段，其中对服务器有用的只是 Name 和 value 字段，Expires 等字段的内容仅仅是为了告诉客户端如何处理这些 Cookie。Cookie 使用的名称和值也可以由自己定义。

6.2.2 Cookie的设置和发送

一个 Cookie 的设置以及发送过程分为以下四个步骤，如图 6-1 所示。

- 客户端发送一个 HTTP 请求给服务器。
- 服务器端发送一个 HTTP 响应给客户端，其中包含 Set-Cookie 头部。
- 客户端发送一个 HTTP 请求给服务器，其中包含 Cookie 头部。
- 服务器端发送一个 HTTP 响应给客户端。

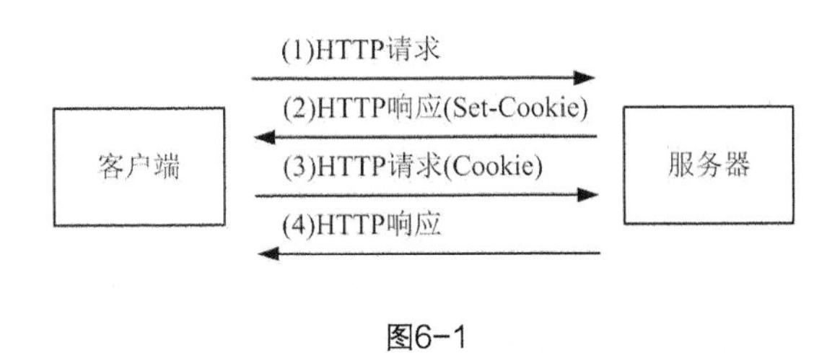

图6-1

在客户端发送给服务器的第二次请求包含的 Cookie 头部中，提供给了服务器端可以用来唯一标识客户端身份的信息。

6.3 Session简介

6.3.1 Session

Session 在网络应用中称为“会话控制”。Session 对象存储特定用户会话所需的属性及配置信息，如登录信息等（Session 是一个容器，可以存放会话过程中的任何对象）。

对于 Cookie 来说，假设要验证用户是否登录，就必须在 Cookie 中保存用户名和密码，并在每次请求的时候进行验证。而 Session 是存储在服务器端的，远程用户没办法修改 Session 文件的内容，因此可以单纯存储一个变量来判断是否登录，首次验证通过后设置变量值为 true，以后判断该值是否为 true，假如不是则转入登录界面，这样可以减少每次为了验证 Cookie 而传递密码的不安全性了。

6.3.2　SessionID

SessionID 是服务器给客户端的一个编号。当一台服务器运行时，可能有若干个用户访问这台服务器上的网站，当每个用户首次与这台服务器建立连接时，就与这个服务器建立了一个 Session，同时服务器会自动为其分配一个 SessionID，用以标识这个用户的唯一身份。这个 SessionID 是由服务器随机产生的一个由 24 个字符组成的字符串。

服务器要鉴别 Session，至少需要从客户端传来一个 SessionID，SessionID 通常存于 Cookie 中，客户端向服务器发送请求时会将用户的 SessionID 附加在 Cookie 中。Session 的创建和使用总在服务器端，客户端真正拿到的是 SessionID。

6.4　短连接与长连接

6.4.1　短连接

短连接是指通讯双方有数据交互时，就建立一个连接，数据发送完成后，则断开此连接，即每次连接只完成一次数据交互。

短连接的操作步骤：连接→数据传输→关闭连接。

6.4.2　长连接

长连接是相对于通常的短连接而说的，也就是长时间保持客户端与服务器端的连接状态，且在一个连接上可以连续发送多个数据包。在连接保持期间，如果没有数据包发送，需要双方发链路检测包，以维持此连接。

长连接的操作步骤：连接→数据传输→保持连接（心跳）→数据传输→保持连接（心跳）→……→关闭连接。

在 HTTP 1.1 中默认为保持长连接（Persistent Connection，也称为持久连接），数据传输完成后保持 TCP 连接不断开，等待在同域名下继续用这个通道传输数据。

长连接也可以使用 Socket 或 WebSocket 实现。

6.4.3 使用场景

1. 短连接

短连接用于并发量大，而每个用户无需频繁操作的情况，如 Web 网站的 HTTP 服务。

因为长连接对于服务器端来说会耗费一定的资源，像 Web 网站这么频繁的有成千上万甚至上亿客户端的连接，如果用长连接，每个用户都占用一个连接的话，那将极其耗费资源；而用短连接则会省一些资源。

2. 长连接

长连接则多用于操作频繁、点对点的通信，如 PUSH 和 IM 等功能。

每个 TCP 连接都需要三步握手，这需要时间，如果每个操作都是短连接，再次操作的话还需重新建立连接，那么 PUSH 或 IM 功能的响应速度会降低很多，所以每个操作完成后都不断开，下次处理时直接发送数据包就 OK 了，不用建立 TCP 连接。

6.5 Volley网络库简介

6.5.1 Volley网络库

Volley 库是 Google 官方提供的开源网络库，在 Android 系统中也使用了这个网络库。

Volley 库对网络功能进行了封装，默认根据 Android 系统的不同版本使用不同的 HTTP 协议栈。在 Android 2.3 及以上版本使用 HurlStack 协议栈，在 Android 2.3 以下版本使用 HttpClientStack 协议栈。使用者也可以自己设置其中使用的 HTTP 协议栈，使用比较灵活。

Volley 库支持字符串、图片和 JSON 格式数据的处理，但因为在解析服务器端的响应消息时，Volley 库是把响应消息存储在内存中，所以 Volley 库不适合大数据量的网络请求，如下载大文件等。

在 Volley 库的 Volley 类中，提供了设置请求 HTTP 协议栈的方法。

```
public class Volley {

    /** Default on-disk cache directory. */
    private static final String DEFAULT_CACHE_DIR = "volley";

    /**
     * Creates a default instance of the worker pool and calls {@link
     RequestQueue#start()} on it.
     *
     * @param context A {@link Context} to use for creating the cache dir.
     * @param stack An {@link HttpStack} to use for the network, or null for
```

```
       default.
     * @return A started {@link RequestQueue} instance.
     */
    public static RequestQueue newRequestQueue(Context context, HttpStack stack){
        File cacheDir = new File(context.getCacheDir(), DEFAULT_CACHE_DIR);

        String userAgent = "volley/0";
        try {
            String packageName = context.getPackageName();
            PackageInfo info = context.getPackageManager().getPackageInfo
            (packageName, 0);userAgent = packageName + "/" + info.versionCode;
        } catch (NameNotFoundException e) {
        }

        if (stack == null) {
            if (Build.VERSION.SDK_INT >= 9) {
                stack = new HurlStack();
            } else {
                // Prior to Gingerbread, HttpUrlConnection was unreliable.
                // See: http://android-developers.blogspot.com/2011/09/androids-http-
                  clients.html
                stack = new HttpClientStack(AndroidHttpClient.newInstance (userAgent));
            }
        }

        Network network = new BasicNetwork(stack);

        RequestQueue queue = new RequestQueue(new DiskBasedCache(cacheDir), network);
        queue.start();

        return queue;
    }

    /**
     * Creates a default instance of the worker pool and calls {@link RequestQueue
       #start()} on it.
     *
     * @param context A {@link Context} to use for creating the cache dir.
     * @return A started {@link RequestQueue} instance.
     */
    public static RequestQueue newRequestQueue(Context context) {
        return newRequestQueue(context, null);
    }
}
```

在Volley库的Request类中，定义了Volley库支持的HTTP方法。

```
public abstract class Request<T> implements Comparable<Request<T>> {
    ...
    /**
     * Supported request methods.
     */
    public interface Method {
        int DEPRECATED_GET_OR_POST = -1;
        int GET = 0;
        int POST = 1;
        int PUT = 2;
        int DELETE = 3;
        int HEAD = 4;
        int OPTIONS = 5;
        int TRACE = 6;
        int PATCH = 7;
    }
...
    public Request(int method, String url, Response.ErrorListener listener) {
        mMethod = method;
        mUrl = url;
        mIdentifier = createIdentifier(method, url);
        mErrorListener = listener;
        setRetryPolicy(new DefaultRetryPolicy());

        mDefaultTrafficStatsTag = findDefaultTrafficStatsTag(url);
    }
...
}
```

在 Volley 库中，HttpHeaderParser 类用于处理从服务器获得的头字段数据。

```
public class HttpHeaderParser {

        public static Cache.Entry parseCacheHeaders(NetworkResponse response) {
         long now = System.currentTimeMillis();

         Map<String, String> headers = response.headers;

         long serverDate = 0;
         long lastModified = 0;
         long serverExpires = 0;
         long softExpire = 0;
         long finalExpire = 0;
         long maxAge = 0;
```

```
long staleWhileRevalidate = 0;
boolean hasCacheControl = false;
boolean mustRevalidate = false;

String serverEtag = null;
String headerValue;

headerValue = headers.get("Date");
if (headerValue != null) {
    serverDate = parseDateAsEpoch(headerValue);
}

headerValue = headers.get("Cache-Control");
if (headerValue != null) {
    hasCacheControl = true;
    String[] tokens = headerValue.split(",");
    for (int i = 0; i < tokens.length; i++) {
        String token = tokens[i].trim();
        if (token.equals("no-cache") || token.equals("no-store")) {
            return null;
        } else if (token.startsWith("max-age=")) {
            try {
                maxAge = Long.parseLong(token.substring(8));
            } catch (Exception e) {
            }
        } else if (token.startsWith("stale-while-revalidate=")) {
            try {
                staleWhileRevalidate = Long.parseLong(token.substring(23));
            } catch (Exception e) {
            }
        } else if (token.equals("must-revalidate") || token.equals ("proxy-revalidate")) {
            mustRevalidate = true;
        }
    }
}

headerValue = headers.get("Expires");
if (headerValue != null) {
    serverExpires = parseDateAsEpoch(headerValue);
}

headerValue = headers.get("Last-Modified");
if (headerValue != null) {
    lastModified = parseDateAsEpoch(headerValue);
}
```

```
        serverEtag = headers.get("ETag");

        // Cache-Control takes precedence over an Expires header, even if both exist and Expires
        // is more restrictive.
        if (hasCacheControl) {
            softExpire = now + maxAge * 1000;
            finalExpire = mustRevalidate
                    ? softExpire
                    : softExpire + staleWhileRevalidate * 1000;
        } else if (serverDate > 0 && serverExpires >= serverDate) {
            // Default semantic for Expire header in HTTP specification is softExpire.
            softExpire = now + (serverExpires - serverDate);
            finalExpire = softExpire;
        }

        Cache.Entry entry = new Cache.Entry();
        entry.data = response.data;
        entry.etag = serverEtag;
        entry.softTtl = softExpire;
        entry.ttl = finalExpire;
        entry.serverDate = serverDate;
        entry.lastModified = lastModified;
        entry.responseHeaders = headers;

        return entry;
    }
...
}
```

目前大多数 APP 与服务器间传输数据时，都是使用 JSON 格式，Volley 库中提供了使用 JSON 格式传递数据的类。

```
public abstract class JsonRequest<T> extends Request<T> {
    /** Default charset for JSON request. */
    protected static final String PROTOCOL_CHARSET = "utf-8";

    /** Content type for request. */
    private static final String PROTOCOL_CONTENT_TYPE =
        String.format("application/json; charset=%s", PROTOCOL_CHARSET);

    private final Listener<T> mListener;
    private final String mRequestBody;
```

```
/**
 * Deprecated constructor for a JsonRequest which defaults to GET unless {@link
#getPostBody()}
 * or {@link #getPostParams()} is overridden (which defaults to POST).
 *
 * @deprecated Use {@link #JsonRequest(int, String, String, Listener, ErrorListener)}.
 */
public JsonRequest(String url, String requestBody, Listener<T> listener,
        ErrorListener errorListener) {
    this(Method.DEPRECATED_GET_OR_POST, url, requestBody, listener, errorListener);
}

public JsonRequest(int method, String url, String requestBody, Listener<T> listener,
        ErrorListener errorListener) {
    super(method, url, errorListener);
    mListener = listener;
    mRequestBody = requestBody;
}

@Override
protected void deliverResponse(T response) {
    mListener.onResponse(response);
}

@Override
abstract protected Response<T> parseNetworkResponse(NetworkResponse response);

/**
 * @deprecated Use {@link #getBodyContentType()}.
 */
@Override
public String getPostBodyContentType() {
    return getBodyContentType();
}

/**
 * @deprecated Use {@link #getBody()}.
 */
@Override
public byte[] getPostBody() {
    return getBody();
}

@Override
public String getBodyContentType() {
    return PROTOCOL_CONTENT_TYPE;
```

```
    }

    @Override
    public byte[] getBody() {
        try {
            return mRequestBody == null ? null : mRequestBody.getBytes (PROTOCOL_
            CHARSET);
        } catch (UnsupportedEncodingException uee) {
            VolleyLog.wtf("Unsupported Encoding while trying to get the bytes of %s using %s",
                    mRequestBody, PROTOCOL_CHARSET);
            return null;
        }
    }
}

public class JsonObjectRequest extends JsonRequest<JSONObject> {

    /**
     * Creates a new request.
     * @param method the HTTP method to use
     * @param url URL to fetch the JSON from
    * @param jsonRequest A {@link JSONObject} to post with the request. Null is
    allowed and
     *   indicates no parameters will be posted along with request.
     * @param listener Listener to receive the JSON response
     * @param errorListener Error listener, or null to ignore errors.
     */
    public JsonObjectRequest(int method, String url, JSONObject jsonRequest,
            Listener<JSONObject> listener, ErrorListener errorListener) {
        super(method, url, (jsonRequest == null) ? null : jsonRequest. toString(), listener,
                errorListener);
    }

    /**
    * Constructor which defaults to <code>GET</code> if <code>jsonRequest </code> is
     * <code>null</code>, <code>POST</code> otherwise.
     *
     * @see #JsonObjectRequest(int, String, JSONObject, Listener, ErrorListener)
     */
    public JsonObjectRequest(String url, JSONObject jsonRequest, Listener <JSONObject>
    listener, ErrorListener errorListener) {
        this(jsonRequest == null ? Method.GET : Method.POST, url, jsonRequest,
                listener, errorListener);
    }
```

```
    @Override
    protected Response<JSONObject> parseNetworkResponse(NetworkResponse response) {
        try {
            String jsonString = new String(response.data,
                    HttpHeaderParser.parseCharset(response.headers, PROTOCOL_CHARSET));
            return Response.success(new JSONObject(jsonString),
                    HttpHeaderParser.parseCacheHeaders(response));
        } catch (UnsupportedEncodingException e) {
            return Response.error(new ParseError(e));
        } catch (JSONException je) {
            return Response.error(new ParseError(je));
        }
    }
}
```

6.5.2 Volley网络库的使用

为了使用方便，可以对Volley库提供的类和方法进行二次封装，代码如下所示。

```
public class JsonRequest extends JsonObjectRequest {
    String cookieString;

    public JsonRequest(String url, JSONObject jsonRequest,
                       Response.Listener<JSONObject> listener, Response.ErrorListener
                       errorListener) {
        super(url, jsonRequest, listener, errorListener);
    }

    //自定义向服务器发送的头字段数据
    @Override
    public Map<String, String> getHeaders() throws AuthFailureError {
        HashMap<String, String> headers = new HashMap<String, String>();
        //标示是Android APP向服务器发起请求
        headers.put("AppKey", "Android");

        //设置User-Agent的内容为APP的包名和版本信息，标示是哪个APP向服务器发起请求
        String packageName = context.getPackageName();
        PackageInfo info =
        context.getPackageManager().getPackageInfo(packageName, 0);
        userAgent = packageName + "/" + info.versionCode;
        headers.put("User-Agent",  userAgent );

       //把服务器返回给APP的Cookie信息，添加到APP发给服务器的头信息中，标示访问服务器的客户身份
         headers.put("Cookie", cookieString);
        return headers;
```

```
    }

    @Override
    protected Response<JSONObject> parseNetworkResponse(NetworkResponse response) {
        try {
            String jsonString = new String(response.data,
                        HttpHeaderParser.parseCharset(response.headers,
                         PROTOCOL_CHARSET));

            //获取服务器返回给APP的Cookie信息
            Map<String, String> headers = response.headers;
            cookieString = headers.get("Set-Cookie");

            //解析服务器返回的cookie信息，从中获取SessionID
            String sessionId = parseVooleyCookie(cookies);

            return Response.success(new JSONObject(jsonString),
                    HttpHeaderParser.parseCacheHeaders(response));
        } catch (UnsupportedEncodingException e) {
            return Response.error(new ParseError(e));
        } catch (JSONException je) {
            return Response.error(new ParseError(je));
        }
    }

    //解析cookie数据
    public String parseVooleyCookie(String cookie) {
        StringBuilder sb = new StringBuilder();
        String[] cookievalues = cookie.split(";");
        for (int j = 0; j < cookievalues.length; j++) {
            String[] keyPair = cookievalues[j].split("/");
            for (int i = 0; i < keyPair.length; i++) {
                if (keyPair[0].contains("session_id")) {
                    sb.append(keyPair[0]);
                    sb.append(";");
                    break;
                }
            }
        }
        return sb.toString();
    }
}
```

使用 OkHttp3 作为 Volley 库的 HTTP 协议栈，需要实现 HttpStack 里定义的接口方法。协议栈的具体代码如下：

```
public class OkHttp3Stack implements HttpStack {
    private final OkHttpClient mClient;

    public OkHttp3Stack(OkHttpClient client) {
        this.mClient = client;
    }

    @Override
    public HttpResponse performRequest(Request<?> request, Map<String, String>
    additionalHeaders)
            throws IOException, AuthFailureError {
        int timeoutMs = request.getTimeoutMs();
        OkHttpClient client = mClient.newBuilder()
                .readTimeout(timeoutMs, TimeUnit.MILLISECONDS)
                .connectTimeout(timeoutMs, TimeUnit.MILLISECONDS)
                .writeTimeout(timeoutMs, TimeUnit.MILLISECONDS)
                .build();

        okhttp3.Request.Builder okHttpRequestBuilder = new okhttp3.Request.Builder();
        Map<String, String> headers = request.getHeaders();
        for (final String name : headers.keySet()) {
            okHttpRequestBuilder.addHeader(name, headers.get(name));
        }

        for (final String name : additionalHeaders.keySet()) {
            okHttpRequestBuilder.addHeader(name, additionalHeaders.get(name));
        }

        setConnectionParametersForRequest(okHttpRequestBuilder, request);

        okhttp3.Request okhttp3Request = okHttpRequestBuilder.url(request.getUrl()).build();
        Response okHttpResponse = client.newCall(okhttp3Request).execute();

        StatusLine responseStatus = new BasicStatusLine
                (
                        parseProtocol(okHttpResponse.protocol()),
                        okHttpResponse.code(),
                        okHttpResponse.message()
                );

        BasicHttpResponse response = new BasicHttpResponse(responseStatus);
        response.setEntity(entityFromOkHttpResponse(okHttpResponse));

        Headers responseHeaders = okHttpResponse.headers();
        for (int i = 0, len = responseHeaders.size(); i < len; i++) {
            final String name = responseHeaders.name(i), value = responseHeaders.value(i);
            if (name != null) {
```

```
                response.addHeader(new BasicHeader(name, value));
            }
        }
        return response;
    }

    private static HttpEntity entityFromOkHttpResponse(Response response) throws IOException {
        BasicHttpEntity entity = new BasicHttpEntity();
        ResponseBody body = response.body();

        entity.setContent(body.byteStream());
        entity.setContentLength(body.contentLength());
        entity.setContentEncoding(response.header("Content-Encoding"));

        if (body.contentType() != null) {
            entity.setContentType(body.contentType().type());
        }
        return entity;
    }

    @SuppressWarnings("deprecation")
    private static void setConnectionParametersForRequest
            (okhttp3.Request.Builder builder, Request<?> request)
            throws IOException, AuthFailureError {
        switch (request.getMethod()) {
            case Request.Method.DEPRECATED_GET_OR_POST:
                byte[] postBody = request.getPostBody();
                if (postBody != null) {
                    builder.post(RequestBody.create
                            (MediaType.parse(request.getPostBodyContentType()), postBody));
                }
                break;

            case Request.Method.GET:
                builder.get();
                break;

            case Request.Method.DELETE:
                builder.delete();
                break;

            case Request.Method.POST:
                builder.post(createRequestBody(request));
                break;

            case Request.Method.PUT:
                builder.put(createRequestBody(request));
```

```
                break;

            case Request.Method.HEAD:
                builder.head();
                break;

            case Request.Method.OPTIONS:
                builder.method("OPTIONS", null);
                break;

            case Request.Method.TRACE:
                builder.method("TRACE", null);
                break;

            case Request.Method.PATCH:
                builder.patch(createRequestBody(request));
                break;

            default:
                throw new IllegalStateException("Unknown method type.");
        }
    }

    private static RequestBody createRequestBody(Request request) throws AuthFailureError {
        final byte[] body = request.getBody();
        if (body == null) return null;

        return RequestBody.create(MediaType.parse(request.getBodyContentType()), body);
    }

    private static ProtocolVersion parseProtocol(final Protocol protocol) {
        switch (protocol) {
            case HTTP_1_0:
                return new ProtocolVersion("HTTP", 1, 0);
            case HTTP_1_1:
                return new ProtocolVersion("HTTP", 1, 1);
            case SPDY_3:
                return new ProtocolVersion("SPDY", 3, 1);
            case HTTP_2:
                return new ProtocolVersion("HTTP", 2, 0);
        }

        throw new IllegalAccessError("Unkwown protocol");
    }
}
```

还需增加一个类，提供其他模块调用 Volley 库的接口方法。

```
public class NetworkManager {
    private static NetworkManager mInstance;
    private RequestQueue mRequestQueue;
    private static Context mCtx;

    private NetworkManager(Context context) {
        mCtx = context;
        mRequestQueue = getRequestQueue();
    }
    //使用单列模式创建类的实例
    public static synchronized NetworkManager getInstance(Context context) {
        if (mInstance == null) {
            mInstance = new NetworkManager(context);
        }
        return mInstance;
    }

    public RequestQueue getRequestQueue() {
        if (mRequestQueue == null) {
            //设置使用OkHttp3作为HTTP协议栈
            mRequestQueue = Volley.newRequestQueue(mCtx, new
OkHttp3Stack(new OkHttpClient()));
        }
        return mRequestQueue;
    }

    private <T> Request<T> add(Request<T> request) {
        return mRequestQueue.add(request);//添加请求到队列
    }

    /**
     * 创建JSON格式的请求数据
     *
     */
    public void JsonRequest(Object tag, String url, JSONObject jsonObject,
    Response.Listener<JSONObject> listener,
                                Response.ErrorListener errorListener) {
        JsonRequest jsonRequest;
        jsonRequest = new JsonRequest(url, jsonObject, listener, errorListener);
        jsonRequest.setTag(tag);
        add(jsonRequest);

    }

    /**
     * 取消请求
     *
```

```
     */
    public void cancel(Object tag) {
        mRequestQueue.cancelAll(tag);
    }
}
```

函数调用方式如下:

```
NetworkManager.getInstance(EamApplication.getContext()).JsonRequest(TAG, baseUrl + 
url, jsonObject,
        new Response.Listener<JSONObject>() {
            @Override
            public void onResponse(JSONObject jsonObject) {

                Log.v(TAG, "response json对象: " + jsonObject.toString());
            }
        }, new Response.ErrorListener() {
            @Override
            public void onErrorResponse(VolleyError error) {
                Log.e(TAG, error.getMessage(), error);
            }
        });
```

在创建网络对象实例时，使用 Application 级别的 Context，保证实例的生命周期与 APP 的生命周期一样。

第7章　HTTPS概述

7.1 协议简介

HTTPS（Hyper Text Transfer Protocol over Secure Socket Layer），是 HTTP 的安全版，在 HTTP 和 TCP 层间加入 SSL/TLS 层，以实现内容加密、身份认证并保证数据完整性。其中 SSL（Secure Socket Layer）是加密套接字协议层，TLS（Transport Layer Security）是传输层安全协议，是 SSL 的升级版，如图 7-1 所示。

应用层(HTTP)
安全层(SSL/TLS)
传输层(TCP)
网络层(IP)
链路层

图7-1

HTTP 和 HTTPS 的主要区别如下所述。

- HTTP 的 URL 以 http:// 开头，而 HTTPS 的 URL 以 https:// 开头。
- HTTP 无需证书，而 HTTPS 需要 CA 机构颁发的证书。

采用 HTTPS 协议的服务器必须要有一套数字证书，这套证书其实就是一对公钥和私钥。如同一把钥匙和一个锁，锁可以供任何人使用，把重要的东西锁起来，但只有拥有钥匙的人才能看到被这把锁锁起来的东西。

- HTTP 的数据是明文传输，HTTPS 是加密传输。
- HTTP 和 HTTPS 使用的端口也不一样，前者端口是 80，后者端口是 443。
- 使用 HTTPS 协议涉及数据的加密和解密，客户端与服务器对数据的处理效率比使用 HTTP 协议时的效率低。

7.2 HTTPS的认证类型

7.2.1 单向认证

此种方式只在 APP 端对服务器进行验证，服务器不对 APP 端进行验证；需在服务器端配置证书，APP 端不需配置证书。只需把向服务器发送的 URL 请求中的 http:// 改成 https://，如原来是 http://

www.xjbclz.com，改成 https://www.xjbclz.com 就可以了。

目前大多数 APP 和服务器端的 HTTPS 连接都是采用单向认证的。

7.2.2 双向认证

此种方式是 APP 端和服务器端互相进行验证；除了在服务器端配置证书，APP 端不但需要把向服务器发送的 URL 请求中的 http:// 改成 https://，而且还需要配置证书。

双向认证比单向认证更安全，通常用于企业级应用对接。

因为服务器对 APP 端也要进行验证，且 APP 端集成的证书中可以包含特定的信息，所以可以利用双向认证实现 APP 端的自动登录，不需要用户手动输入用户名和密码，这对于那些不需要用户操作、自动运行的 APP 尤其有用。

第8章 加密简介

8.1 对称加密

8.2 非对称加密

8.3 MD5 简介

8.1 对称加密

对称加密是采用单密钥密码系统的加密方法，同一个密钥可以同时用作数据的加密和解密，也称为单密钥加密。

密钥是控制加密及解密过程的指令。算法是一组规则，规定如何进行加密和解密。在对称加密算法中，常用的算法有DES、3DES、TDEA、Blowfish、RC2、RC4、RC5、IDEA、SKIPJACK和AES等。

对称加密算法的优点是算法公开、计算量小、加密速度快和加密效率高。对称加密算法的缺点是：在数据传送前，发送方和接收方必须商定好密钥，然后双方都要保存好密钥。其次如果一方的密钥被泄露，那么加密信息也就不安全了。另外，每对用户每次使用对称加密算法时，都需要使用其他人不知道的唯一密钥，这会使得收、发双方所拥有的密钥数量巨大，密钥管理成为双方的负担。

现实中通常的做法是将对称加密的密钥进行非对称加密，然后传送给需要它的人。对称加密可用于数据使用方自己加密、自己解密的场景，以避免密钥管理和传输中遇到的问题。

8.2 非对称加密

非对称加密需要两个密钥：公开密钥（publickey）和私有密钥（privatekey）。公开密钥与私有密钥是一对，如果用公开密钥对数据进行加密，只有用对应的私有密钥才能解密；如果用私有密钥对数据进行加密，那么只有用对应的公开密钥才能解密。因为加密和解密使用的是两个不同的密钥，所以叫非对称加密。

在非对称加密中，使用的主要算法有RSA、Elgamal、背包算法、Rabin、D-H和ECC（椭圆曲线加密算法）等。

非对称加密与对称加密相比，其安全性更好。对称加密的通信双方使用相同的秘钥，如果一方的秘钥遭泄露，那么整个通信就会被破解。而非对称加密使用一对秘钥，一个用来加密，一个用来解密，公钥可以公开，但私钥是自己保存的，不需要像对称加密那样在通信之前先要同步秘钥。

非对称加密与对称加密相比，缺点是加密和解密所花费的时间长、速度慢。

8.3 MD5简介

除了上述两种加密方法外，还有一种使用最广泛的加密方法，即MD5加密。

MD5（Message-Digest Algorithm 5）即信息－摘要算法5，是计算机安全领域广泛使用的一种散列函数，用于提供数据的完整性保护，它是把一个任意长度的字符串变换成一个固定长度的字符串。

MD5 算法具有以下特点。

- 根据最终输出的值，无法得到原始的明文，即过程是不可逆的。
- 任意长度的数据，算出的 MD5 值长度都是固定的。

Java 提供了 MD5 加密的库，如下是对数据进行 MD5 加密处理的代码。

```
import java.security.MessageDigest;
import java.security.NoSuchAlgorithmException;

private String makeMD5Hash(String key) {
    String cacheKey;
    try {
        final MessageDigest mDigest = MessageDigest.getInstance("MD5");
        mDigest.reset();
        mDigest.update(key.getBytes());
        cacheKey = bytesToHexString(mDigest.digest());
    } catch (NoSuchAlgorithmException e) {
        cacheKey = String.valueOf(key.hashCode());
    }
    return cacheKey;
}

private String bytesToHexString(byte[] bytes) {
    StringBuilder sb = new StringBuilder();
    for (byte value : bytes) {
        String hex = Integer.toHexString(0xFF & value);
        if (hex.length() == 1) {
            sb.append( '0 ');
        }
        sb.append(hex);
    }
    return sb.toString();
}
```

如原始数据字符串是“123abc456”，利用上述代码加密后生成的 MD5 数值字符串为“f9fc7942e4c44f2692bc186fa7486dd4”。

MD5 加密主要用于需要对原始数据加密，但数据的使用方又不需要知道原始数据的场景，而且还可用于数据完整性校验。

（1）对登录密码进行加密。

如用户使用 APP 注册的时候，APP 把用户输入的密码进行 MD5 Hash 运算，然后发送给服务器保存。用户使用 APP 登录的时候，服务器把从 APP 接收到的 MD5 值和保存的 MD5 值进行比较，进而确定输入的密码是否正确。通过这样的步骤，服务器在并不知道用户密码的明码的情况下，就可以确定用户登录的合法性。这就可以避免用户的密码被具有系统管理员权限的人员知道。

（2）对文件名进行加密。

在使用 APP 的时候，常需要在本地缓存一些文件，可以使用 MD5 对这些文件名进行加密，防止通过文件名了解文件的相关信息。

（3）数据完整性的校验。

常常在某些软件下载站点的软件信息中看到有 MD5 值，它的作用就在于下载该软件后对下载的文件做一次 MD5 校验，以确保获得的文件数据的完整性和正确性。

具体来说，文件的 MD5 值就像是这个文件的“数字指纹”。每个文件的 MD5 值是不同的，如果任何人对文件做了任何改动，其 MD5 值也就是对应的“数字指纹”就会发生变化。比如下载服务器针对一个文件预先提供一个 MD5 值，用户下载完该文件后，用算法重新计算下载文件的 MD5 值，通过比较这两个值是否相同，就能判断下载的文件数据是否完整，以及下载的文件数据是否被篡改了。如 APP 升级版本时，需要从服务器下载新版本，此时就可用 MD5 进行完整性的校验。

为了增加解密的难度，有时会采用加盐的方式，就是在明文数据中加入一个随机字符串，如当前操作的时间字符串，然后再用 MD5 算法加密。

第9章 设计模式

9.1 设计模式简介

设计模式（Design Pattern）是一套被反复使用、多数人知晓的、经过分类编目的、代码设计经验的总结。使用设计模式是为了可重用代码、让代码更容易被他人理解、保证代码可靠性。

9.2 面向对象设计原则

面向对象设计有 6 大原则，具体如下所述。

（1）单一职责原则（Single Responsibility Principle，SRP）

一个类应该是一组相关性很高的方法和数据的封装。

（2）开闭原则（Open Closed Principle，OCP）

开闭原则是说模块应对扩展开放，而对修改关闭，模块应尽量在不修改原（“原”是指原来的代码）代码的情况下进行扩展。它是面向对象设计的终极目标。

（3）里氏替换原则（Liskov Substitution Principle，LSP）

在调用父类的地方换成其子类也完全可以运行。面向对象语言的 3 大特点是封装、继承和多态。里氏替换原则依赖于继承和多态。

（4）依赖倒置原则（Dependence Inversion Principle，DIP）

抽象不应该依赖于细节，细节应当依赖于抽象。要针对接口编程，而不是针对实现编程。高层模块不应该依赖底层模块，两者都应该依赖于抽象。

（5）接口隔离原则（Interface Segregation Principle，ISP）

类不应该依赖它不需要的接口，类依赖的接口尽可能小，且每一个接口都应该是一种角色。

（6）最小知识原则（Principle of Least Knowledge，PLK）

一个类应该对自己需要耦合或调用的类知道得最少，类的内部如何实现与调用者或者依赖者没关系，调用者或依赖者只需知道它需要的方法即可，其他的一概不用管。

设计模式就是依据这些原则，来实现代码复用和增加可维护性的目的。

9.3 设计模式类别

设计模式分为以下 3 种类型。

（1）创建型模式

包括单例模式、抽象工厂模式、建造者模式、工厂模式和原型模式。

（2）结构型模式

包括适配器模式、桥接模式、装饰模式、组合模式、外观模式、享元模式和代理模式。

（3）行为型模式

包括模板方法模式、命令模式、迭代器模式、观察者模式、中介者模式、备忘录模式、解释器模式、状态模式、策略模式、职责链模式和访问者模式。

9.3.1　单例模式

单例模式保证一个类仅有一个实例，并提供一个访问它的全局访问点。此模式适用于只创建一个对象，以避免产生多个对象消耗过多资源及只应该创建一个对象的场景。

如加载图片的 ImageLoad 对象、线程池对象、缓存对象、网络请求对象、数据库对象、文件对象、登录状态对象、日志对象及一些公共数据对象，都可以用单例模式实现，这样也减少了静态和全局变量的使用。

APP 向服务器发送请求的时候，在有些界面会发送多个请求给服务器，这时如果网络或服务器端出错，会接连弹出多个提示框。这种提示框也可以使用单列模式创建，这样即使发送了多个请求，但只显示一个出错提示框，从而改善用户体验。

实现单例模式的方式有饿汉和懒汉等方式，如果考虑到多线程的情况，这些方式都有不足之处，推荐使用以下方式实现。

```
public class MyApplication {
    private MyApplication () {}
    public static MyApplication getInstance() {
        return MyApplicationHolder.sInstance;
    }

    private static class MyApplicationHolder {
        private static final MyApplication sInstance = new MyApplication ();
    }
}
```

第一次加载 MyApplication 类时，不会初始化 sInstance，只有在第一次调用 MyApplication 的 getInstance 方法时，才会导致 sInstance 被初始化。在第一次调用 getInstance 方法时会加载 MyApplicationHolder 类，这种方式不仅能确保线程安全，也能保证单例对象的唯一性，同时也延迟了对象的实例化。

9.3.2 Builder模式

Builder 模式将一个复杂对象的构建与它的表示形式分离，使得同样的构建过程可以创建不同的表示形式。

Android 中 AlertDialog 的初始化配置就使用了 Builder 模式，加载图片的库 ImageLoader 和 HTTP 请求的初始化配置等也使用了 Builder 模式。

9.3.3 原型模式

原型模式允许通过复制现有的实例来创建新的实例。当创建给定的类的实例过程较复杂或消耗较多资源时，就可使用原型模式。在 Android 中，可以通过 Cloneable 接口实现。

在电商 APP 中，修改用户信息、修改购物车详情、修改订单详情和修改用户编辑的文本内容等可使用原型模式。

原型模式的核心问题就是对原始对象进行拷贝，使用时需要注意深、浅拷贝的问题。建议尽量使用深拷贝，这样可以避免操作副本时影响原始对象。

9.3.4 工厂方法模式

工厂方法模式定义了一个用于创建对象的接口，让子类决定将哪一个类实例化，使一个类的实例化延迟到其子类。

在电商 APP 中，创建各类商品对象和各类订单对象时就可以使用工厂模式。

代码示例：

```
public abstract class Product {
    Public abstract void method();
}

public class ConcreteProductA extends class Product {
@Override
    public void method() {
    …
    }
}

public class ConcreteProductB extends class Product {
@Override
    public void method() {
    …
```

```
    }
}

//@param clz 产品类型
//@return 具体的产品对象
public abstract class Factory {
    public abstract <T extends Product> T createProduct (Class<T> clz);
}

public class ConcreteFactory extends class Factory {
    @Override
    public abstract <T extends Product> T createProduct (Class<T> clz) {
        Product p = null;
        try{
            p = (Product) Class.format(clz.getName()).newInstance();
        }catch (Exception e) {
        …
        }
    return (T) p;
    }
}

public class Client {
    public static void main(String args) {
        Factory factory = new ConcreteFactory();
        Product p = factory. createProduct(ConcreteProductA.class);
    }
}
```

9.3.5 策略模式

策略模式定义一系列的算法，并把每一个算法封装起来，且使它们可相互替换，使得算法的变化可独立于使用它的客户。

在电商 APP 中，各类商品列表的排序功能及计算各类商品的费用等功能（不同商品的单价和总价的计算方式可能不同）可以使用策略模式。

9.3.6 状态模式

状态模式允许对象在其内部状态改变时改变它的行为。对象看起来似乎修改了它所属的类。

电商 APP 的订单对象包含有多种状态，以及用户登录对象包含已登录和未登录的两种状态，这两个对象的具体实现都可以使用状态模式。

9.3.7 命令模式

命令模式将请求封装为对象，从而使用不同的请求或队列来参数化其他对象。命令模式也支持可撤销的操作。

游戏开发和菜单功能的开发都可使用命令模式。

9.3.8 观察者模式

观察者模式定义对象间的一种一对多的依赖关系，以便当一个对象的状态发生改变时，所有依赖于它的对象都得到通知并自动更新。

Android 系统的 BroadcastReceiver 组件和 GUI 系统就使用了观察者模式。

9.3.9 备忘录模式

备忘录模式在不破坏封装性的前提下，存储对象的关键状态，并在该对象之外保存这个状态。这样以后就可将该对象恢复到保存的状态。

当用户把 APP 切换到后台时，需要保存当前界面的数据，以便在切换回前台时恢复数据，此外游戏和文本编辑中的存档功能，都可使用备忘录模式。

9.3.10 迭代器模式

迭代器模式提供一种方法顺序访问一个聚合对象中的各个元素，而且不需暴露该对象的内部表示。

此模式适用于遍历一个容器对象，如数组、链表和 Map 等。

9.3.11 模板方法模式

模板方法模式在一个方法中定义了一个算法的骨架，而将一些步骤延迟到子类中，使得子类不改变一个算法的结构即可重定义该算法的某些特定步骤。

如在控件中显示图片时，图片可能来源于网络、内存或本地缓存，但显示图片的整个流程是一样的，就可以用模板方法模式。

9.3.12 代理模式

代理模式为另一个对象提供一个替身，以控制对这个对象的访问。

Android 系统的 Binder 和 Notification 机制就使用了代理模式。

9.3.13　组合模式

组合模式将对象组合成树形结构以表示“整体 / 部分”的层次结构。它能让客户以一致的方式处理个别对象及对象组合。

Android 系统的文件系统、View 和 ViewGroup 系统就使用了组合模式。

9.3.14　适配器模式

适配器模式将一个类的接口转换成客户希望的另外一个接口，从而使原本接口不兼容的两个类能够在一起工作。

在 APP 中为了实现某个功能，往往需要集成第三方库或 SDK，而这些第三方库或 SDK 可能会采用不同厂商的产品，为了替换方便，就可以使用适配器模式。对于同一份数据，用户可能选择不同的显示方式，如不同风格的菜单也可采用适配器模式。

9.3.15　外观模式

外观模式提供了一个统一的接口，用来访问子系统中的一群接口。它定义了一个高层接口，让子系统更加容易使用。

封装 API 给调用者使用的时候，可以使用外观模式。

9.3.16　桥接模式

桥接模式将实现和抽象放在两个不同的类层次中，从而使它们可以独立改变。

电商 APP 在计算商品总价时，依赖商品数量和促销政策这两个因素。同一种促销政策，对于不同的商品数量，其促销折扣也不一样，在计算商品总价时就会有 N 种情况，此时就可使用桥接模式。

第10章　架构模式

10.1 MVC架构

MVC（Model–View–Controller）即模型 – 视图 – 控制器，使用 MVC 的目的是将 M 和 V 的实现代码分离，从而使同一个程序可以使用不同的表现形式。C 存在的目的则是确保 M 和 V 的同步，一旦 M 改变，V 应该同步更新。

View 是用户看到并与之交互的界面，Android 系统中主要指 Activity 或 Fragment，View 从 Model 中取得它需要显示的数据和状态；Model 主要提供数据存取功能；Controller 处理业务逻辑，Android 系统中也主要指 Activity 或 Fragment。

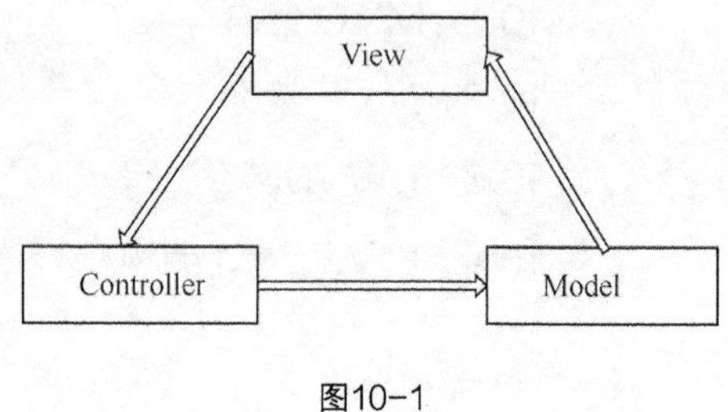

图10–1

如图 10–1 所示是一个标准的 MVC 框架图。

在 MVC 里，View 是可以直接访问 Model 的，View 里会包含 Model 信息，不可避免的还要包括一些业务逻辑。

在 Android 开发中，Activity 和 Fragment 往往既是 V 又是 C，从而导致代码极其臃肿。

10.2 MVP架构

MVP（Model–View–Presenter）即模型 – 视图 – 表示器。在 MVP 中 View 并不直接和 Model 交互，它们之间的通信是通过 Presenter（相当于 MVC 中的 Controller）来实现的。

在 MVP 模式里，View 主要实现界面显示和处理用户操作，如点击或输入等功能。除此之外就不应该有更多的内容，绝不容许直接访问 Model，这就是与 MVC 很大的不同之处。

View 是用户看到并与之交互的界面，Android 系统中主要指 Activity 或 Fragment，其含有一个 Presenter 成员变量。通常 View 需要实现一个逻辑接口，将 View 上的操作转给 Presenter 实现，最后 Presenter 调用 View 逻辑接口将从 Model 获取的数据返回给 View。Presenter 主要作为沟通 View 和 Model 的桥梁，它承接 View 传来的用户需求，完成一些业务逻辑的处理，并将从 Model 层获取的数据返回给 View 层，使得 View 和 Model 间没有耦合，也将业务逻辑从 View 层抽离出来；Model 主要提供数据存取功能，Presenter 通过 Model 层存储和获取数据。

如图 10–2 所示是 MVP 框架图。

在 MVP 中，所有的逻辑都在 Presenter 层实现，这层的负担较重，而且相比 MVC 会多出许多接口方法。

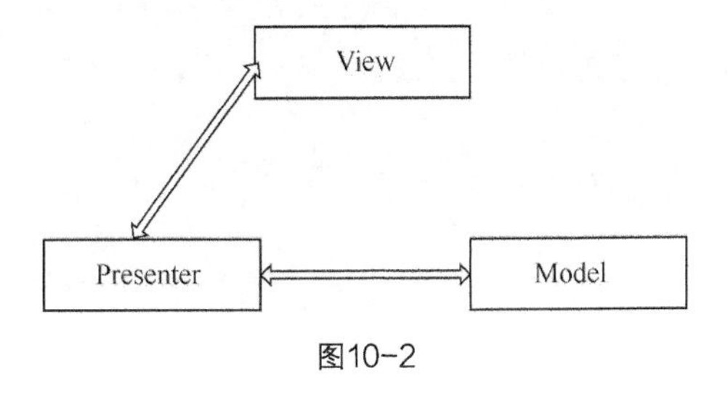

图10-2

10.3 MVVM架构

MVVM（Model-View-ViewModel）的框架图如图 10-3 所示。

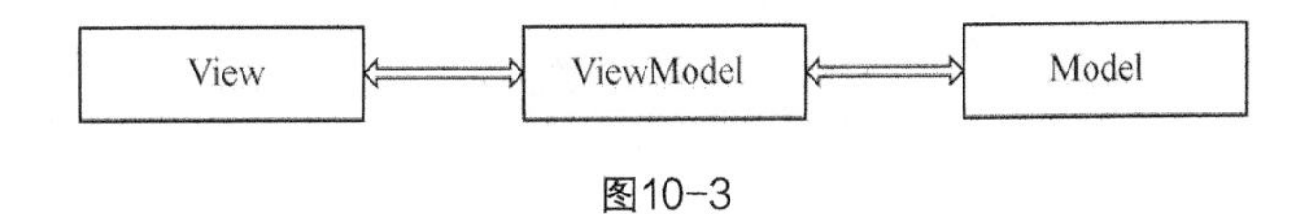

图10-3

ViewModel 大致上就相当于 MVP 的 Presenter 和 MVC 的 Controller 了，而 View 与 ViewModel 间是直接交互，用数据“绑定”的形式实现数据双向同步。

在开发 Android APP 时，可以使用 Android 系统提供的 DataBinding 技术实现数据绑定。

10.4 MVP+VM架构

MVVM 与 MVP 相比，优化了数据频繁更新的解决方案，但某种程度上又把 View 和 Model 耦合在了一起。在实际开发中，纯粹利用 DataBinding 技术并使用 MVVM 架构的情况不多，往往是把 MVP 架构和 DataBinding 技术一起使用，具体框架图如图 10-4 所示。

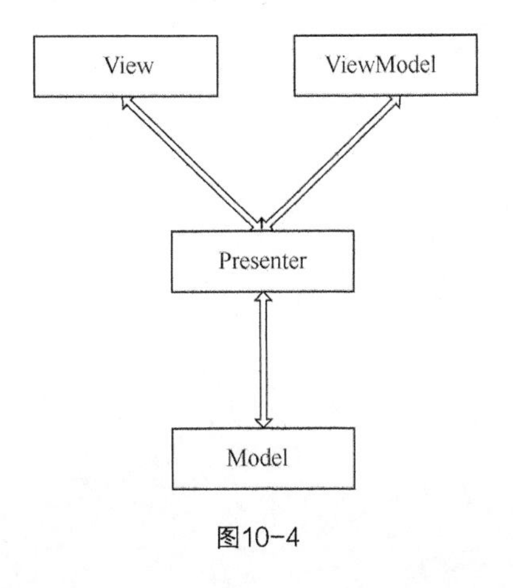

图10-4

第11章 APP架构设计

11.1 基本原则

1. 逐层调用原则及单向调用原则

如约定将 N 层架构的各层依次编号为 1、2、…、K、…、N−1、N，其中层的编号越大，则越处在上层。那么，设计的架构应该满足以下两个原则。

- 第 K（$1<K \leqslant N$）层只准依赖第 K−1 层，而不可依赖其他层。
- 如果某层依赖其他层，那这层的编号一定大于它所依赖的层。

其中第一个原则保证了依赖的逐层性，即整个架构的依赖是逐层向下的，而不能跨层依赖；第二个原则则保证了依赖的单向性，即只能上层依赖底层，而不能底层反过来依赖上层。

2. 针对接口编程，而不是针对实现编程

这里所指的接口不是特指编程语言中的具体语言元素，而是指一种抽象的、在语义层面上起着接合作用的语义体。它的具体实现可能是接口，可能是抽象类，甚至可能是具体类。

具体到 N 层架构中，针对接口编程的意义在部分上是这样的：现仍约定将 N 层架构的各层依次编号为 1、2、…、K、…、N−1、N，其中层的编号越大，则越处在上层，那么第 K 层不应该依赖具体一个 K−1 层，而应该依赖一个 K−1 层的接口，即在第 K 层中不应该有 K−1 层中的某个具体类。

3. 依赖倒置原则

在软件设计原则中，有一种重要的思想叫做依赖倒置。它的核心思想是：不能让高层组件依赖底层组件，而且不管是高层组件还是底层组件，两者都应依赖于抽象。

- 具体依赖——如果 L 层中有一个或一个以上的地方实例化了 M 层中某个具体类，则说 L 层具体依赖于 M 层。
- 抽象依赖——如果 L 层没有实例化 M 层中的具体类，而是在一个或一个以上的地方实例化了 M 层中某个接口，则说 L 层抽象依赖于 M 层，也叫接口依赖于 M 层。

从这两个定义可以看到，所谓的依赖倒置原则正是上面提到的针对接口编程，而不是针对实现编程，两者在本质上是统一的。

4. 封装变化原则

封装变化的原则就是找出应用中可能需要变化之处，把它们独立出来，不要和那些不需要变化的代码混杂在一起。

5. 开放—关闭原则

开放—关闭原则就是对扩展开放，对修改关闭。

具体到 N 层架构中，可以描述为当某一层有了一个新的具体实现时，它应该可以在不修改其他层的情

况下与此新实现无缝连接，顺利交互。

6. 单一归属原则

在整个架构中，任何一个操作类都应该有单一的职责并属于单独的一层，而不能同时担负两种职责或属于多个层次。

注意：实体类及辅助类可以被多个层使用，但它们不属于任何一个层，而是独立存在的。

11.2 分层设计

11.2.1 三层架构

软件的本质是对数据的处理，根据在数据处理过程中所扮演的不同角色，常见的三层架构从上到下依次为展现层、业务逻辑层和数据访问层，如表 11-1 所示。

表 11-1

层次	职责	设计原则
展现层	向用户展现特定业务数据，接收用户的输入信息和操作	用户至上，兼顾简洁；不包含与任何业务相关的逻辑处理
业务逻辑层	从业务逻辑层中获取数据，在展现层显示；从展现层中获取用户指令和数据，执行业务逻辑或通过业务逻辑层写入数据源	作为展现层与业务逻辑层的桥梁，负责数据处理传递
数据访问层	通过对数据的读写操作，为业务逻辑层或展现层提供数据服务	只负责操作服务器或本地的数据

与 MVC 和 MVP 中各部分的对应关系如表 11-2 所示。

表 11-2

层次	MVC	MVP
展现层	View	View
业务逻辑层	Controller	Presenter
数据访问层	Model	Model

除了这三层功能模块外，软件中通常还包括实体类功能模块及辅助类功能模块，可以被多个层使用，但它们不属于任何一个层，而是独立存在的。还有许多集成的第三方功能模块，也是独立存在的。

11.2.2 View层设计

Android 应用的 View 层包括 Activity 和 Fragment 等 UI 相关的类和接口。分为两大功能模块：接口模块和功能模块。

此功能模块的代码文件有以下两种管理方式。

按类型分类，如图 11-1 所示。

图11-1

按功能分类，如图 11-2 所示。

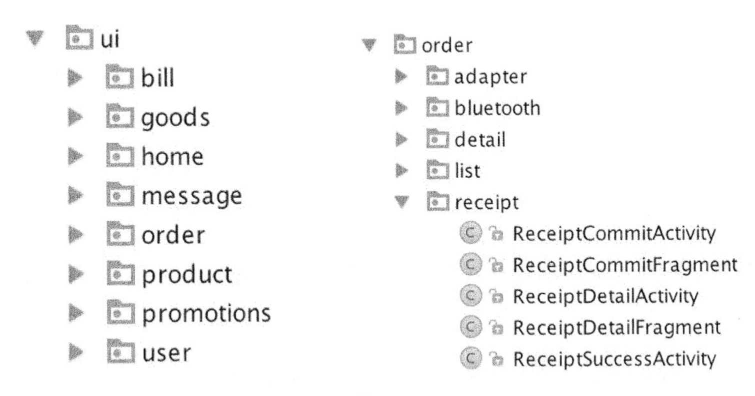

图11-2

建议按第二种方式管理文件，以方便查找与一个功能相关的所有文件。

转移逻辑操作之后，可能部分较为复杂的 Activity 包含的代码量还是不少，可以在分层的基础上再加入模板方法（Template Method），具体做法是在 Activity 内部分层，其中最顶层为 BaseActivity，实现一些各 Activity 需要的公共功能，并针对各模块的 Activity 需要独立实现的功能提供接口，各模块的 Activity 继承 BaseActivity，重写 BaseActivity 预留的方法；如有必要再进行二次继承，APP 中 Activity 之间的继承次数最好不要超过 3 次。

Fragment 也可按同样的方式处理。

在 MVP 架构中，Activity 和 Fragment 会把业务逻辑的处理交给 Presenter 层，所以需要持有相应 Presenter 的引用。

对一些简单的业务逻辑，如对用户输入的数据做校验，可放在 View 层处理，而当需要对数据进行更复杂的处理时，如解析从服务器获得的数据，则放在 Presenter 层处理。

11.2.3　业务逻辑层设计（Presenter）

MVP 架构中的业务逻辑层可以分为两大功能模块：接口模块和功能模块。

强化 Presenter 层的作用，将所有逻辑操作都放在 Presenter 层内也容易造成 Presenter 层的代码量比较大，在这层内可按功能把代码分成不同的功能块，以方便管理。

11.2.4　数据访问层设计（Model）

Android 应用的数据访问层包括 SharedPreferences、File、DataBase 和 HTTP 等与读写数据相关的类，分为三大功能模块：接口模块、功能模块和实体类模块。

11.2.5　功能模块设计

1. 实体类模块

实体类是现实实体在计算机中的表示。它贯穿于整个架构，负担着在各层次及模块间传递数据的职责。此模块包括与各种数据相关的类，通常包含在 Model 层中。

在处理类对象数据的时候，常需要把数据序列化，因此实体类需要继承 Parcelable 或 Serializable 这两个接口类（建议优先使用 Parcelable）。

Java 语言在数据赋值 / 拷贝的时候，常是浅赋值 / 浅拷贝，因此实体类还需要继承 Cloneable 这个接口类，利用 clone 方法实现数据的深赋值 / 深拷贝，示例代码如下所示。

```
public class CommentDetail implements Parcelable, Cloneable {
    public String commentContent;
    public int commentId;

    public CommentDetail clone() {
        CommentDetail commentDetail = null;
        try {
            commentDetail = (CommentDetail) super.clone();

        } catch (CloneNotSupportedException e) {
            e.printStackTrace();
        }
        return commentDetail;
    }

    @Override
```

```
    public String toString() {
        return "CommentDetail{" +
                " commentContent = '" + commentContent +  '\ ' ' +
                ", commentId = '" + commentId +  '\ ' ' +
                 '} ';
    }

    @Override
    public int describeContents() { return 0; }

    @Override
    public void writeToParcel(Parcel dest, int flags) {
        dest.writeString(this. commentContent);
        dest.writeInt(this. commentId);
    }

    public CommentDetail() {}

    protected CommentDetail(Parcel in) {
        this. commentContent = in.readString();
        this. commentId= in.readInt();
    }

    public static final Creator<CommentDetail> CREATOR = new Creator <CommentDetail>() {
        public CommentDetail createFromParcel(Parcel source) {return new CommentDetail
(source);}

        public CommentDetail[] newArray(int size) {return new CommentDetail[size];}
    };

    private void setCommentContent(String strContent){
        commentContent = strContent;
    }

    private String getCommentContent(){
        return commentContent;
    }

    private void setCommentId(int intId){
        commentId = intId;
    }

    private int getCommentId(){
        return commentId;
```

```
        }

    }
```

2. 辅助类模块设计

此模块包括各种全局辅助性功能的工具类，如对手机号码的校验、字符串的特殊处理、获取设备的相关信息等功能都可放在这个模块，日志功能通常也放在这个模块。

3. 三方功能模块设计

在 APP 中使用的三方功能模块大体分为下面两类。

- 各类控件。
- 具体功能。如扫码、地图、推送和统计等功能。

此功能模块可以按上述分类，再细分不同子模块。

对于各功能模块，如地图，可能用百度的，也可能用高德的，建议增加一个适配层，这样切换不同的 SDK 时不需要修改调用此模块的代码。

11.3　层间通信

11.3.1　通信方式

层间通信主要有以下两种方式。

（1）消息

优点：层间的耦合性比较小，而且一个消息可以有多个接收方，如广播消息。

缺点：如果系统中的消息比较多，可能处理的速度比较慢；或消息队列满了，接收方无法接收到消息。还有一种情况是 A 发消息给 B，但可能先被 C 接收了，B 也无法接收到消息。

（2）回调函数

优点：处理速度比较快。

缺点：层间的耦合性比较大。

11.3.2　交互模式

层间通信的交互模式有以下两种。

（1）同步调用

A 向 B 发出请求后，一直等到收到 B 的反馈，再继续执行。

（2）异步调用

A 向 B 发出请求后，不等待 B 的反馈，就继续执行后续代码。

11.4 跨业务模块调用

11.4.1 跨业务模块调用简介

跨业务模块调用是指当一个 APP 中存在 A 业务、B 业务等多个业务模块时，B 业务模块有可能会需要调用 A 业务模块的接口方法，A 业务模块又有可能调用其他业务模块的接口方法。在 Android 开发中，就是指多个 Activity 间的相互通信和调用，这样会导致 Acticity 间的横向依赖，并产生以下问题。

（1）当一个功能需要多个开发人员合作完成时，某些依赖层上端的开发人员在前期无法正常进行开发，而依赖层下端的开发人员任务繁重，不能很好的并行开发，整体开发进度会变慢。

（2）当开发依赖于某个旧业务模块的新业务模块时，而旧模块间又相互依赖，开发人员可能需要把相关业务模块都导入开发环境且也要做一定的了解，这也会影响开发进度。

（3）如果某个业务模块做了修改，如 Activity 改名，其他相关业务模块也要做修改，导致增加任务量和代码维护成本上升。

11.4.2 跨业务模块调用方案

解决各 Activity 间的横向依赖，可以使用 Mediator 模式，设计一套 Activity 消息路由机制，各 Activity 间不直接通信，如 A 想和 B 通信，A 把请求发给 Mediater，由 Mediater 再发给 B。

第12章 Activity概述

12.1 Activity启动方式

12.1.1 启动模式

目前 Activity 共有 4 种启动模式，分别是“standard”“singleTop”“singleTask”和“singleInstance”，默认启动模式是“standard”。

如表 12-1 所示，这些模式可以分为两大类，“standard”和“singleTop”为一类，“singleTask”和“singleInstance”为另一类。使用“standard”或“singleTop”启动模式的 Activity 可多次实例化。实例可归属任何任务，并且可以位于 Activity 堆栈中的任何位置。使用“singleTask”和“singleInstance”启动模式的 Activity 位于 Activity 堆栈的根位置，且设备一次只能保留一个 Activity 实例，即只允许一个此类任务。

表 12-1

启动模式	多个实例	注释
“standard”	是	默认。系统在启动 Activity 的任务中创建 Activity 的新实例并向其传送 Intent。Activity 可以多次实例化，而每个实例均可属于不同的任务，并且一个任务可以拥有多个实例
“singleTop”	有条件	如果当前任务的顶部已存在 Activity 的一个实例，则系统会通过调用该实例的 onNewIntent() 方法向其传送 Intent，而不是创建 Activity 的新实例。Activity 可以多次实例化，而每个实例均可属于不同的任务，并且一个任务可以拥有多个实例（但前提是位于返回栈顶部的 Activity 并不是 Activity 的现有实例）。 例如，假设任务的返回栈包含根 Activity A 以及 Activity B、C 和位于顶部的 D（堆栈是 A–B–C–D，D 位于顶部），收到针对 D 类 Activity 的 Intent。如果 D 具有默认的“standard”启动模式，则会启动该类的新实例，且堆栈会变成 A–B–C–D–D。但是，如果 D 的启动模式是“singleTop”，则 D 的现有实例会通过 onNewIntent() 接收 Intent，因为它位于堆栈的顶部，而堆栈仍为 A–B–C–D。如果收到针对 B 类 Activity 的 Intent，则会向堆栈添加 B 的新实例，即便其启动模式为“singleTop”也是如此
“singleTask”	否	系统创建新任务并实例化位于新任务底部的 Activity。但是，如果该 Activity 的一个实例已存在于一个单独的任务中，则系统会通过调用现有实例的 onNewIntent() 方法向其传送 Intent，而不是创建新实例。一次只能存在 Activity 的一个实例
“singleInstance”	否	与“singleTask”相同，只是系统不会将任何其他 Activity 启动到包含实例的任务中。该 Activity 始终是其任务唯一的成员，由此 Activity 启动的任何 Activity 均在单独的任务中打开

“standard”和“singleTop”模式只在一个方面有差异，即每次“standard”模式的 Activity 有新的 Intent 时，系统都会创建新的类实例来响应该 Intent，每个实例处理单个 Intent；同理，也可创建新的“singleTop”模式的 Activity 实例来处理新的 Intent，不过，如果目标任务在其堆栈顶部已有一个

Activity 实例，那么该实例将接收新 Intent（通过调用 onNewIntent()），此时不会创建新实例。在其他情况下，如果“singleTop”的一个现有实例虽在目标任务内，但未处于堆栈顶部，或者虽然位于堆栈顶部，但不在目标任务中，则系统会创建一个新实例并将其推送到堆栈上。

如果从当前 Activity 向上导航到当前堆栈上的某个 Activity，该行为由父 Activity 的启动模式决定。如果父 Activity 有启动模式 singleTop（或 up Intent 包含 FLAG_ACTIVITY_CLEAR_TOP），则系统会将该父项置于堆栈顶部，并保留其状态。导航 Intent 由父 Activity 的 onNewIntent() 方法接收；如果父 Activity 有启动模式 standard（并且 up Intent 不包含 FLAG_ACTIVITY_CLEAR_TOP），则系统会将当前 Activity 及其父项同时弹出堆栈，并创建一个新的父 Activity 实例来接收导航 Intent。

“singleTask”和“singleInstance”模式同样只在一个方面有差异：“singleTask”Activity 允许其他 Activity 成为其任务的组成部分。它始终位于其任务的根位置，但其他 Activity（必然是“standard”和“singleTop”Activity）可以启动到该任务中。相反，“singleInstance”Activity 则不允许其他 Activity 成为其任务的组成部分。它是任务中唯一的 Activity。如果它启动另一个 Activity，系统会将该 Activity 分配给其他任务，就好像 Intent 中包含 FLAG_ACTIVITY_NEW_TASK 一样。

12.1.2　FLAG介绍

启动 Activity 时，可以通过在传递给 startActivity() 的 Intent 中加入相应的 FLAG，修改 Activit 与其任务的默认关联方式。

常用的 FLAG 说明：

```
FLAG_ACTIVITY_NEW_TASK
```

在新任务中启动 Activity，如果为正在启动的 Activity 运行任务，则该任务会转到前台并恢复其最后状态，同时 Activity 会在 onNewIntent() 中收到新 Intent。使用这个 FLAG 会产生与“singleTask”启动模式相同的行为。

```
FLAG_ACTIVITY_SINGLE_TOP
```

如果正在启动的 Activity 是当前 Activity（位于返回栈的顶部），则现有实例会接收对 onNewIntent() 的调用，而不是创建 Activity 的新实例。使用这个 FLAG 会产生与“singleTop”启动模式相同的行为。

```
FLAG_ACTIVITY_CLEAR_TOP
```

如果正在启动的 Activity 已在当前任务中运行，则会销毁当前任务顶部的所有 Activity，并通过 onNewIntent() 将此 Intent 传递给 Activity 已恢复的实例（现在位于顶部），而不是启动该 Activity 的新实例。

注意：如果指定 Activity 的启动模式为“standard”，则该 Activity 也会从堆栈中移除，并在其位置启动一个新实例，以便处理传入的 Intent。这是因为当启动模式为“standard”时，将始终为新 Intent 创建新实例。

```
FLAG_ACTIVITY_NO_HISTORY
```

新的 Activity 将不在历史堆栈中保留，一旦从此 Activity 跳转到其他的 Activity，那么这个 Activity 就销毁了。例如 A 启动 B 的时候，给 B 设置了 FLAG_ACTIVITY_NO_HISTORY，那么 B 启动 C 后，堆栈中保留的 Activity 就会变为 A 和 C。

12.2 Activity消息路由

在 Android 开发中，常遇到多个 Activity 间的直接通信和调用，这样会导致 Acticity 间的横向依赖。

为了解决此问题，可以设计和实现一个路由框架，实现不同 Activity 间的解耦。

12.2.1 设计思路

实现一个 Activity 路由类，由这个类实现 Activity 间的路由，各 Activity 间不直接联系，由路由类作为中间件，实现各 Activity 间的联系。

目前大多数路由方式都是采用 URL 的方式实现的，在此利用类的反射机制实现此功能，实现方式相对简单。

12.2.2 具体实现

路由类的示例代码如下：

```
public class ActivityRouter {
    //每创建一个Activity，就在此定义一个字符串，记录此Activity的类名
    public static final String SECOND_ACTIVITY = "com.example.myapplication.SecondActivity";
    public static final String THREE_ACTIVITY = "com.example.myapplication.ThreeActivity";
    public static final String FOUR_ACTIVITY = "com.example. myapplication.FourActivity";

    // 传递Activity消息的方法，activityContext表示调用startActivity的Activity， activityName
    // 表示被调用或被通知的Activity的类名字符串
    public static boolean ActivityRouter(Intent intent, Context activityContext, final String
    activityName){
    if(intent == null || activityContext == null || activityName == null){
        return false;
    }

    Class<?> activityClass = null;
```

```
        try {
            //通过类名字符串，找到相应的类
            activityClass = Class.forName(activityName);
            if(activityClass != null){
                intent.setClass(activityContext, activityClass);
            }
        }catch (Exception e){
            e.printStackTrace();

            return false;
        }

        return true;
    }
}
```

使用示例：

```
//Activity间不传值时的情况
Intent intent = new Intent();
if (ActivityRouter.ActivityRouter(intent, MainActivity.this,ActivityRouter.SECOND_ACTIVITY)) {
    startActivity(intent);
}

//Activity间传值时的情况
Intent intent = new Intent();
Bundle bundle = new Bundle();
bundle.putString("keyString", "string");
bundle.putInt("keyInt", 100);
intent.putExtras(bundle);

if (ActivityRouter.ActivityRouter(intent, MainActivity.this,ActivityRouter.THREE_ACTIVITY)) {
    startActivity(intent);
}

//Activity间传值，且主调Activity需要接收被调Activity返回值的情况
Intent intent = new Intent();
Bundle bundle = new Bundle();
bundle.putString("keyString", "hello");
bundle.putInt("keyInt", 400);
intent.putExtras(bundle);

if (ActivityRouter.ActivityRouter(intent, MainActivity.this,ActivityRouter.FOUR_ACTIVITY)) {
    startActivityForResult(intent, REQUESTCODE);
}
```

12.3 Activity数据的保存和恢复

12.3.1 临时保存数据和恢复数据

在以下场景需要临时保存当前 Activity 使用的一些数据。

- 手机横竖屏模式切换时。
- 用户点击 Home 键，把当前界面切换到后台时。
- 手机锁屏时。
- 从当前 Activity 跳到另一个 Activity，但不销毁之前的 Activity 时。

Activity 类提供了 onSaveInstanceState（Bundle outState）方法保存数据，onRestoreInstanceState（Bundle savedInstanceState）方法恢复数据。

在使用 onSaveInstanceState 方法时需要注意：当用户点击 返回 按钮、返回 键或者调用了 finish() 方法退出 Activity 时，不会调用该方法。该方法一定是在 onStop 方法之前调用，但是不确定是在 onPause 方法之前还是之后调用。对于定义了 id 的视图控件，系统在调用 onSaveInstance 方法的时候，会自动保存视图控件的状态。

在 Android 源码中，有相关说明，如图 12-1 所示。

```
 * <p>The default implementation takes care of most of the UI per-instance
 * state for you by calling {@link android.view.View#onSaveInstanceState()} on each
 * view in the hierarchy that has an id, and by saving the id of the currently
 * focused view (all of which is restored by the default implementation of
 * {@link #onRestoreInstanceState}). If you override this method to save additional
 * information not captured by each individual view, you will likely want to
 * call through to the default implementation, otherwise be prepared to save
 * all of the state of each view yourself.
 *
 * <p>If called, this method will occur before {@link #onStop}. There are
 * no guarantees about whether it will occur before or after {@link #onPause}.
 *
 * @param outState Bundle in which to place your saved state.
 *
 * @see #onCreate
 * @see #onRestoreInstanceState
 * @see #onPause
 */
protected void onSaveInstanceState(Bundle outState) {
    outState.putBundle(WINDOW_HIERARCHY_TAG, mWindow.saveHierarchyState());
    Parcelable p = mFragments.saveAllState();
    if (p != null) {
        outState.putParcelable(FRAGMENTS_TAG, p);
    }
    getApplication().dispatchActivitySaveInstanceState(this, outState);
}
```

图12-1

onRestoreInstanceState 方法在 onStart 方法之后、onResume 方法之前被调用。

12.3.2 持久保存数据和恢复数据

用户点击屏幕左上角的 返回 按钮或点击 返回 键退出 Activity 的时候，有时需要持久保存数据。为了改善用户体验，最好先显示提示框，提醒用户是否要保存当前界面数据，用户选择是，再执行保存数据的代码。

点击 返回 按钮时，代码如下：

```
@Override
public boolean onOptionsItemSelected(MenuItem item) {
    final int id = item.getItemId();
    if (android.R.id.home == id) {
        isSaveData();
        return true;
    }

    return super.onOptionsItemSelected(item);
}
```

点击 返回 按键时，代码如下：

```
@Override
public void onBackPressed(){
    isSaveData();
}
```

onPause() 和 onResume() 两个方法在 Activity 的生命周期中一定会调用到的，所以无论是临时保存数据还是持久保存数据，在 onPause() 方法中保存数据、在 onResume() 方法中恢复数据是最保险的做法。

12.4　Activity数据传递

12.4.1　数据传递媒介

1. 通过Intent传递数据

- 直接传递——intent.putExtra（key, value）
- 通过 bundle——intent.putExtras（bundle）

这两种方式都要求传递的对象必须可序列化（Parcelable 或 Serializable），且通过 intent 传递数据是有大小限制的，最好不要超过 1M。

2. 使用全局对象传递数据

在类中大量地使用静态变量（尤其是使用很占资源的变量，如 Bitmap 对象）可能会导致内存溢出，而且还可能因为静态变量在很多类中出现而造成代码难以维护和混乱的状况。全局对象可以完全取代静态变量。

Android 中的全局对象所对应的类可以从 android.app.Application 继承，如：

```
public class MyApp extends Application{
    public String name;
    public Data data = new Data();
  }
```

在编写完全局类之后，还需要在 AndroidManifext.xml 中注册。然后通过 Activity.getApplicationContext() 方法可以获得全局对象。

```
MyApp app = (MyApp) getApplicationContext();
app.name = "abc";
app.data.id  = "100";
```

由于某些原因（比如系统内存不足），APP 会被系统强制杀死，此时再次点击进入应用时，系统会直接进入被杀死前的那个界面，但此时 APP 的内存已经被释放，数据为空，可能会出现异常，因此需要特别关注此种情况。

3. 使用单例对象传递数据

示例代码如下所示：

```
public class MyApplication {
    private String data;
    private MyApplication () {}
    public static MyApplication getInstance() {
        return MyApplicationHolder.sInstance;
    }

    private static class MyApplicationHolder {
        private static final MyApplication sInstance = new MyApplication ();
    }

    public String getData() {
       return data;
    }

    public void setData(String data) {
       this.data = data;
    }
}
```

设置数据：

```
MyApplication.getInstance().setData(data);
```

在 Activity 中获取数据：

```
String data = MyApplication.getInstance().getData();
```

4. 使用静态变量传递数据

（1）直接设置和获取变量的值。

如在 MainActivity 中定义变量。

```
public static String Name;
```

在别的 Activity 中可以使用 MainActivity.Name 这 种方式设置和获取变量的值。

（2）通过接口方法设置和获取变量的值。

```
public class MyApplication {
      private static String data;

      public static String getData() {
          return data;
      }

      public static String setData(String data) {
          this.data = data;
      }
}
```

设置数据：

```
MyApplication.set(data);
```

获取数据：

```
MyApplication.get();
```

5. 使用持久化方式传递数据

也就是使用 Sqlite、SharePreference 和 File 等传递数据。

（1）优点

- 应用中所有地方都可以访问。
- 不会因为系统内存不足而丢失数据。

（2）缺点

- 操作麻烦。

- 效率低下。

6. 使用剪切板传递数据

把数据放在一个剪切对象（Clip Object）里，然后这个对象会被放在系统的剪贴板里，这样可用于在 Activity 间传递数据。

Clip Object 可以有以下 3 种形式。

（1）Text：文字字符串

文字直接放在 Clip 对象中，然后放在剪贴板里，粘贴这个字符串的时候直接从剪贴板拿到这个对象，然后可以在应用中使用。

（2）URI：Uri 对象

表示任何形式的 URI。这种形式主要用于从一个 ContentProvider 中复制复杂的数据。

复制的时候把一个 Uri 对象放在一个 Clip 对象中，然后再放在剪贴板里，粘贴的时候取出这个 Clip 对象，得到 Uri，把它解析为一个数据资源，如 Content Provider，然后从资源中复制数据到应用中。

（3）Intent：Intent 对象

复制的时候把 Intent 对象放在 Clip 对象中，再放入剪贴板，粘贴数据时从 Clip 对象中得到 Intent 对象，然后可以在应用中使用。

剪贴板每次仅会持有一个 Clip 对象，当应用放另一个 Clip 对象进来时，前一个就消失了。

示例代码如下：

```
private void copy(){
    ClipboardManager clipboard = (ClipboardManager)
            getSystemService(Context.CLIPBOARD_SERVICE);

    ClipData clip = ClipData.newPlainText("text","Hello, World!");

    clipboard.setPrimaryClip(clip);
}

private void paste(){

    ClipboardManager clipboard = (ClipboardManager)
            getSystemService(Context.CLIPBOARD_SERVICE);

    if ((clipboard.hasPrimaryClip())) {

//判断数据类型是否是Text类型
```

```
if ((clipboard.getPrimaryClipDescription().hasMimeType(MIMETYPE_TEXT_PLAIN))) {

            ClipData.Item item = clipboard.getPrimaryClip().getItemAt(0);

            CharSequence pasteData = item.getText();
        }
    }
}
```

12.4.2 数据传递机制

数据传递机制主要有以下 3 种。

- 使用 Activity 系统方法传递数据。
- 使用自定义方法传递数据。
- 使用广播消息传递数据。

使用广播消息传递数据的示例代码如下：

```
public static void registerApiListener(Context context, BroadcastReceiver receiver,
String actionId) {
        LocalBroadcastManager.getInstance(context).registerReceiver (receiver, new
        IntentFilter (actionId));
}

private void sendResponseData(Response<?> response) {
      Intent intent = new Intent(API_ACTION_RAW_RESPONSE);
      intent.putExtra(API_RESPONSE_OBJECT, response);
      LocalBroadcastManager.getInstance(this).sendBroadcast(intent);
}
@Override
public void onReceive(Context context, Intent intent) {
            Serializable dataObject =
intent.getExtras().getSerializable(ApiService.API_RESPONSE_OBJECT);
                  Object responseObject =
((Response<Object>)dataObject).getResponseObject();
        processResponseObject(context, responseObject);
      LocalBroadcastManager.getInstance(context).unregisterReceiver(this);
}
```

用这种方式可以解决类似 A->B->C->A 这样多级 Activity/Fragment 间使用

startActivityForResult/ onActivityResult 这种机制无法传递数据的问题。

12.5 BaseActivity设计

12.5.1 应用级别的BaseActivity设计

应用级别的 BaseActivity 作为各模块 Activity 的基类，主要是定义一些公共的行为，或各功能模块 Activity 都可能会用到的方法。这样也可以起到规范开发人员开发行为的作用，包括以下内容。

（1）如果 APP 只支持竖屏或横屏，可以在 BaseActivity 设置好，这样不用每个 Activity 都需要自己设置。

（2）记录各个生命周期方法执行的 Log。

（3）在创建 Activity 时，基本都需要做以下三件事：初始化变量、初始化 View 和获取数据，可以在 BaseActivity 中定义以下方法。

- initVariables()：初始化变量，包括 Intent 带的数据和 Activity 内的变量。
- initViews()：加载 layout 布局文件、初始化控件和为控件挂上事件方法。
- loadData()：从服务器或本地获取数据。

（4）在执行 OnDestory 方法时，释放 Activity 使用的图片或视频等资源占据的内存。

（5）增加 Activity 到 Activity 列表，及从列表中移出 Activity，方便 Activity 列表的管理。

（6）在执行 OnPause 方法时，保存数据到本地，防止 APP 的内存被系统回收时数据丢失。

（7）在执行 OnResume 方法时，读取保存到本地的数据。

（8）当收到系统发出的内存不足的信号时，释放当前 Activity 使用的内存。

对于各模块的 Activity 需要实现的方法，在基类中都定义成虚方法，强制子类实现。如果确实不需要实现，可以在子类定义空的方法体，这样可能会多写空方法，但可以强制开发人员必须实现相关方法，避免产生许多问题。

示例代码如下：

```
abstract class BaseActivity extends AppCompatActivity implements ComponentCallbacks2 {
{

    private String TAG = "BaseActivity";
    @Override
    protected void onCreate(Bundle savedInstanceState) {
        super.onCreate(savedInstanceState);

        if (getRequestedOrientation() != ActivityInfo.SCREEN_ORIENTATION_ PORTRAIT) {
            setRequestedOrientation(ActivityInfo.SCREEN_ORIENTATION_PORTRAIT);
```

```
    }

    ActivityList.addActivity(this);

}

@Override
protected void onStart() {
    super.onStart();

    EamLog.v(TAG, "onStart");
}

@Override
protected void onResume() {
    super.onResume();

    restoreData();

    EamLog.v(TAG, "onResume");
}

@Override
protected void onPause() {
    super.onPause();

    saveData();

    EamLog.v(TAG, "onPause");
}

@Override
protected void onStop() {
    super.onStop();

    EamLog.v(TAG, "onStop");
}

@Override
protected void onDestroy() {

    releaseMemory(0);

    ActivityList.removeActivity(this);

    super.onDestroy();
```

```
        EamLog.v(TAG, "onDestroy");
    }

    /**
     * Release memory when the UI becomes hidden or when system resources become low.
     * @param level the memory-related event that was raised.
     */
    public void onTrimMemory(int level) {

        releaseMemory(level);
    }

    abstract void initVariables();

    abstract void initViews();

    abstract void loadData();

    abstract void saveData();

    abstract void restoreData();

    abstract void releaseMemory(int memoryLevel);
}
```

12.5.2 功能级别的BaseActivity设计

功能级别的 BaseActivity 是应用级别的 BaseActivity 子类，同时又定义一些特殊的功能方法。

1. 定位功能的BaseActivity

可能有多个模块需要定位功能，但需求又不完全相同，以下一些公共功能方法可以在 BaseActivity 中定义。

（1）定位功能初始化。

（2）定位功能比较耗电，通常手机锁屏、界面切换到后台或退出当前界面时需要停止定位功能，回到此界面又需要恢复定位功能。相关代码可以放在 BaseActivity 的 OnPause 和 OnResume 方法中实现。

（3）在完全退出 Activity 时，需要关闭定位功能，释放相关资源。

包含定位功能的 Activity 都继承此 BaseActivity，可以有效地规范定位功能的开发，防止人为忘记停止和恢复定位功能。

示例代码如下：

```
abstract class LocationBaseActivity extends BaseActivity{
    @Override
    protected void onResume() {
        super.onResume();

        resumeLocation();
    }

    @Override
    protected void onPause() {
        super.onPause();

        pauseLocation();
    }

    @Override
    protected void onDestroy() {

        destroyLocation();

        super.onDestroy();

    }

    abstract void initLocation();
    abstract void resumeLocation();
    abstract void pauseLocation();
    abstract void destroyLocation();
}
```

2. 动画功能和视屏播放功能的BaseActivity

这两个功能相对耗电和耗内存，通常手机锁屏、界面切换到后台或退出当前界面时需要停止这两个功能，回到此界面又需要恢复这两个功能。相关代码可以放在 BaseActivity 的 OnPause 和 OnResume 方法中实现。同样也要有初始化和关闭功能、释放资源的方法。

包含这两个功能的 Activity 都继承对应的 BaseActivity，可以有效防止人为忘记停止和恢复这两个功能。

其实现代码和定位功能的代码类似。

3. 具有编辑功能的BaseActivity

用户在许多界面可以输入或编辑数据，完成后用户可能忘记点击有保存功能的按钮，直接点击界面左上角的 返回 键图标或按物理返回键，此时应弹出提示框，提醒用户“是否保存修改”。

具有编辑功能的 Activity 都继承对应的 BaseActivity，可以有效防止人为忘记实现提醒用户“是否保存修改”的功能。

示例代码如下：

```
abstract class EditBaseActivity extends BaseActivity{

    @Override
    public boolean onOptionsItemSelected(MenuItem item) {
        final int id = item.getItemId();
        if (android.R.id.home == id) {

            isSaveData();
            return true;
        }

        return super.onOptionsItemSelected(item);
    }

    @Override
    public void onBackPressed(){

        isSaveData();
    }

    abstract void isSaveData();

}
```

第13章　Service概述

Service 是一个可以在后台长时间运行而不提供用户界面的应用组件。服务可由其他应用组件启动，即使用户切换到其他应用，服务仍将在后台继续运行。此外，组件可以绑定到服务，与之进行交互，甚至是执行进程间通信（IPC）。例如，服务可以处理网络事务、播放音乐、执行文件 I/O 或与内容提供程序交互，所有这一切均可在后台进行。

13.1 Service的不同形式

Service 有两种不同形式：启动和绑定。

（1）启动

当应用组件（如 Activity）通过调用 startService() 启动服务时，服务即处于“启动”状态。一旦启动，服务即可在后台无限期运行，即使启动服务的组件已被销毁也不受影响。已启动的服务通常是执行单一操作，而且不会将结果返回给调用方。例如，它可能通过网络下载或上传文件，操作完成后服务会自行停止运行。

（2）绑定

当应用组件通过调用 bindService() 绑定到服务时，服务即处于“绑定”状态。绑定服务提供了一个客户端——服务器接口，允许组件与服务进行交互、发送请求、获取结果，甚至是利用进程间通信（IPC）跨进程执行这些操作。仅当与另一个应用组件绑定时，绑定服务才会运行。多个组件可以同时绑定到该服务，但全部取消绑定后，该服务即被销毁。

服务可以同时以这两种形式运行，既可以是启动服务（无限期运行），也允许绑定，只需要在服务中实现两个回调方法，即 onStartCommand() 允许组件开启服务，onBind() 允许绑定。

13.2 Service与线程

服务是一种即使用户未与应用交互也可在后台运行的组件。因此，应仅在必要时才创建服务。

如需在主线程外部执行工作，且只是在用户正在与应用交互时才有此需要，则应创建新线程而非服务。例如，只是想在 Activity 运行的同时播放一些音乐，则可在 onCreate() 中创建线程，在 onStart() 中启动线程，然后在 onStop() 中停止线程。

服务在其托管进程的主线程中运行，它既不创建自己的线程，也不在单独的进程中运行（除非另行指定）。 这意味着，如果服务将执行任何 CPU 密集型工作或阻止性操作（例如 MP3 播放或联网），则应在服务内创建新线程来完成这项工作。通过使用单独的线程，可以降低发生“应用无响应”(ANR) 错误的风险，而应用的主线程仍可继续专注于运行用户与 Activity 之间的交互。

13.3　IntentService

IntentService 是 Service 的子类，它使用工作线程逐一处理所有启动请求。如果不要求服务同时处理多个请求这是最好的选择，只需实现 onHandleIntent() 方法即可，该方法会接收每个启动请求的 Intent，从而能够执行后台工作。

IntentService 会执行以下操作。

- 创建默认的工作线程，用于在应用的主线程外执行传递给 onStartCommand() 的所有 Intent。
- 创建工作队列，用于将 Intent 逐一传递给 onHandleIntent() 实现，这样就永远不必担心多线程问题。

在处理完所有启动请求后停止服务，因此永远不必调用 stopSelf()。开发者只需实现一个构造方法和 onHandleIntent() 来实现具体功能即可。

IntentService 的实现示例：

```
public class DataIntentService extends IntentService {
  public DataIntentService() {
      super("DataIntentService ");
  }

  @Override
  protected void onHandleIntent(Intent intent) {
       readData();
   }
}
```

13.4　前台服务

前台服务被认为是用户主动意识到的一种服务，因此在内存不足时系统也不会考虑将其终止。前台服务必须为状态栏提供通知，这意味着除非服务停止或从前台移除，否则不能清除通知。

例如，应该将通过服务播放音乐的音乐播放器设置为在前台运行，这是因为用户明确意识到其操作。状态栏中的通知可能表示正在播放的歌曲，并允许用户启动 Activity 来与音乐播放器进行交互。

要请求让服务运行于前台，需调用 startForeground()。此方法有两个参数，即唯一标识通知的整型数和状态栏的 Notification。示例代码如下：

```
Notification notification = new Notification(R.drawable.icon,
getText(R.string.ticker_text),
        System.currentTimeMillis());
Intent notificationIntent = new Intent(this, ExampleActivity.class);
PendingIntent pendingIntent = PendingIntent.getActivity(this, 0, notificationIntent, 0);
```

```
    notification.setLatestEventInfo(this, getText(R.string.notification_title),
            getText(R.string.notification_message), pendingIntent);
    startForeground(ONGOING_NOTIFICATION_ID, notification);
```

注意：提供给 startForeground() 的整型 ID 不得为 0。

要从前台移除服务，需调用 stopForeground()。此方法使用一个布尔值，指示是否移除状态栏通知，但不会停止服务。如果当服务正在前台运行时将其停止，则通知也会被移除。

13.5 服务的生命周期

服务的生命周期（从创建到销毁）可以遵循两条不同的路径。

1. 启动服务

该服务在其他组件调用 startService() 时创建，然后无限期运行，可以通过调用 stopSelf() 来自行停止运行。此外，其他组件也可以通过调用 stopService() 停止服务。服务停止后，系统会将其销毁。

2. 绑定服务

该服务在另一个组件（客户端）调用 bindService() 时创建。然后，客户端通过 IBinder 接口与服务进行通信。客户端可以通过调用 unbindService() 关闭连接。多个客户端可以绑定到相同服务，而且当所有绑定全部取消后，系统即会销毁该服务（服务不必自行停止运行）。

服务生命周期示意图如图 13-1 所示。

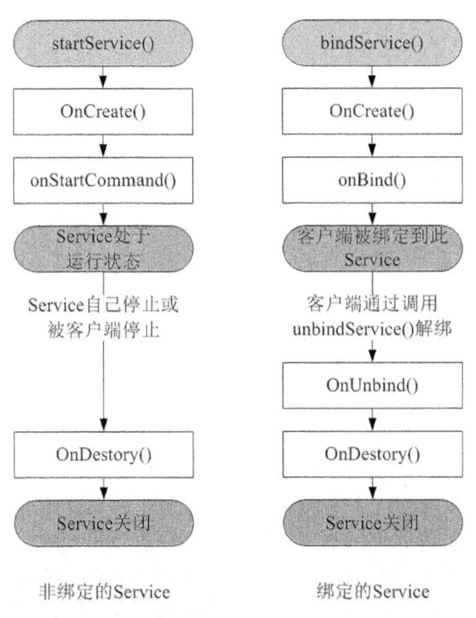

图13-1

第14章 Broadcast概述

14.1 广播机制简介

对于广播而言既要有广播发送者，也要有广播接收者。在 Android 系统中，BroadcastReceiver 指的就是广播接收者（广播接收器）。

广播作为 Android 组件间的通信方式，可以使用在如下场景。

- APP 内部的消息通信。
- 不同 APP 之间的消息通信。
- Android 系统在特定情况下与 APP 之间的消息通信。

从实现原理上看，Android 系统中的广播使用了观察者模式，基于消息的发布 / 订阅事件模型。从实现的角度来看，Android 系统中的广播将广播的发送者和接收者极大程度上解耦，使得系统能够方便集成，更易扩展。

14.2 BroadcastReceiver

自定义广播接收器需要继承基类 BroadcastReceiver，并实现抽象方法 onReceive（context, intent）。广播接收器接收到相应广播后，会自动调用 onReceive 方法。

默认情况下，广播接收器也是运行在主线程，因此 onReceive 方法中不能执行太耗时的操作（不要超过 10 秒），否则将会产生 ANR 问题。

onReceive 方法中涉及与其他组件之间的交互时，可以使用发送 Notification、启动 Service 等方式，最好不要启动 Activity。

BroadcastReceiver 的注册类型有两种：静态注册和动态注册。

14.2.1 静态注册

直接在 AndroidManifest.xml 文件中进行注册，涉及的相关属性如下：

```
<receiver android:directBootAware=["true" | "false"]
          android:enabled=["true" | "false"]
          android:exported=["true" | "false"]
          android:icon="drawable resource"
          android:label="string resource"
          android:name="string"
          android:permission="string"
          android:process="string" >
    . . .
</receiver>
```

其中，以下两个属性需特别关注。

（1）android:exported

其作用是设置此 BroadcastReceiver 能否接收其他 APP 发出的广播，当设为 false 时，只能接收同一应用的组件，或具有相同 user ID 的应用发送的消息。这个属性的默认值是由 BroadcastReceiver 中有无 intent-filter 决定的，如果有 intent-filter，默认值为 true，否则为 false。

（2）android:permission

如果设置此属性，具有相应权限的广播发送方发送的广播才能被此 BroadcastReceiver 所接收；如果没有设置，这个值赋予整个应用所申请的权限。

常见的注册形式：

```
<receiver android:name=".EamBroadcastReceiver"  android:exported="true">
    <intent-filter>
        <action android:name="android.intent.action.BOOT_COMPLETED"/>
        <action android:name="android.intent.action.INPUT_METHOD_CHANGED" />
    </intent-filter>
</receiver>
```

14.2.2　动态注册

动态注册时，无须在 AndroidManifest 中注册 <receiver/> 组件，直接在代码中通过调用 Context 的 registerReceiver 方法，可以在程序中动态注册 BroadcastReceiver。

```
BroadcastReceiver br = new EamBroadcastReceiver();
IntentFilter filter = new IntentFilter();
filter.addAction(Intent.ACTION_AIRPLANE_MODE_CHANGED);
registerReceiver(br, filter);
```

不再需要接收广播的时候，需要取消注册此接收器，代码如下：

```
@Override
  protected void onDestroy() {
    // TODO Auto-generated method stub
    super.onDestroy();

    //销毁Activity时取消注册广播接收器；
    unregisterReceiver(br);
  }
```

14.3　广播类型

14.3.1　普通广播（Normal Broadcast）

普通广播如果有多个接收器，多个接收器接收广播的顺序不确定，且接收者不能将处理结果传递给下一个接受者，也无法终止广播的传播。

14.3.2 系统广播（System Broadcast）

Android 系统中内置了多个系统广播，只要涉及手机的基本操作，基本上都会发出相应的系统广播，如开机启动、网络状态改变、拍照、屏幕关闭与开启和电量不足等。每个系统广播都具有特定的 intent-filter，其中包括具体的 action，系统广播发出后，将被相应的 BroadcastReceiver 接收。在系统内部当特定事件发生时，系统广播由系统自动发出。

从 Android 7.0 开始，系统不会再发送如下两个系统广播。

```
ACTION_NEW_PICTURE
ACTION_NEW_VIDEO
```

针对 Android 7.0（API 24）和更高的 Android 系统版本的 APP，对于以下系统广播必须在代码中使用 registerReceiver 方法注册接收器，在 AndroidManifest 文件中声明接收器不起作用。

```
CONNECTIVITY_ACTION
```

从 Android 8.0（API 26）开始，系统对于在 AndroidManifest 文件中声明的接收器做了更多限制，如果 APP 针对的 Android 系统版本是 API 26 或更高，对于大多数隐式广播，不能在 AndroidManifest 文件中声明接收器。

14.3.3 有序广播（Ordered Broadcast）

有序广播中的“有序”是针对广播接收者而言的，指的是发送出去的广播被 BroadcastReceiver 按照先后顺序接收。有序广播的定义过程与普通广播无异，发送方法为：sendOrderedBroadcast。

有序广播的主要特点有以下两点。

（1）多个当前已经注册且有效的 BroadcastReceiver 接收有序广播时，是按照 AndroidManifest.xml 文件中定义 receiver 时 intent-filter 的 android:priority 属性值从大到小排序，如果没有定义 priority 的数值，则按在 AndroidManifest.xml 文件中注册的顺序接收广播。android:priority 属性值的设置示例如下。

```
<receiver android:name=".EamBroadcastReceiver">
    <intent-filter android:priority="1000">
        <action android:name="com.eam.read"/>
        <action android:name="com.eam.write" />
    </intent-filter>
</receiver>
```

（2）当广播接收器收到广播后，广播会自动传递到下一个接收器，当前的接收器也可以使用 setResultData 方法添加数据传给下一个接收器。使用 getStringExtra 函数获取广播的原始数据，通过 getResultData 方法取得上个广播接收器自己添加的数据，并可用 abortBroadcast 方法让系统丢弃该广播，使该广播不再被别的接收器接收到。

示例代码如下：

```
//AndroidManifest.xm 文件中添加广播接收器声明
<receiver android:name="com.ruwant.eam.broadcast.EamOrderBroadcastReceiver">
    <intent-filter>
        <action android:name="com.eam.read"/>
        <action android:name="com.eam.write" />
    </intent-filter>
</receiver>

<receiver android:name="com.ruwant.eam.broadcast.EamSecondOrderBroadcastReceiver">
    <intent-filter>
        <action android:name="com.eam.read"/>
        <action android:name="com.eam.write" />
    </intent-filter>
</receiver>

//发送广播
public void sendOrderBroadCast() {

        Intent intent = new Intent();
        intent.setAction("com.eam.read");
        intent.putExtra("data","test");
        sendOrderedBroadcast(intent, null);
}
//第一个广播接收器
public class EamOrderBroadcastReceiver extends BroadcastReceiver {
    private static final String TAG = "EamOrderBroadcastReceiver";
    @Override
    public void onReceive(Context context, Intent intent) {
        // TODO Auto-generated method stub
        String strMsg = intent.getStringExtra("data"); //获取广播的原始数据
        setResultData("添加数据:"+strMsg); // 广播接收器自己添加的数据
    }
}
//第二个广播接收器
public class EamSecondOrderBroadcastReceiver extends BroadcastReceiver {
    private static final String TAG = "EamSecondOrderBroadcastReceiver";
    @Override
    public void onReceive(Context context, Intent intent) {
        // TODO Auto-generated method stub
        String strMsg = intent.getStringExtra("data"); //获取广播的原始数据
        strMsg = getResultData();//获取上个广播接收器添加的数据
        //通知系统丢弃该广播
        abortBroadcast();
    }
}
```

14.3.4 局部广播（Local Broadcast）

局部广播的发送者和接收者都同属于一个 APP，相比于前面的全局广播，具有以下优点。

- 其他的 APP 不会收到局部广播，不用担心数据泄露的问题。
- 其他 APP 不可能向当前的 APP 发送局部广播，不用担心有安全漏洞被其他 APP 利用。
- 局部广播比通过系统传递的全局广播的传递效率更高。

Android v4 兼容包中提供了 LocalBroadcastManager 类，用于统一处理 App 局部广播，使用方式上与前面的全局广播几乎相同，只是调用注册 / 取消注册广播接收器和发送广播的方法时，需要通过 LocalBroadcastManager 类的 getInstance 方法获取的实例调用。

示例代码如下：

```
    //注册广播接收器
    IntentFilter intentFilter = new
    IntentFilter(BROADCAST_ACTION_USER_SESSION_STATE_CHANGED);
    LocalBroadcastManager.getInstance(this).registerReceiver(userSessionStateChangeLis
    tener, intentFilter);
    //发送广播
    Intent intent = new
    Intent(BROADCAST_ACTION_USER_SESSION_STATE_CHANGED);
            intent.putExtra(USER_SESSION_STATE_LOGGED_IN, isUserLoggedIn);
            intent.putExtra(USER_SESSION_STATE_CHANGED_MANUALLY, isManual);
            LocalBroadcastManager.getInstance(context).sendBroadcast(intent);
    //取消注册
    LocalBroadcastManager.getInstance(this).unregisterReceiver(userSessionStateChangeL
istener);
```

14.4 广播的安全性

Android 系统中的广播可以跨进程甚至跨 APP 直接通信，这样会产生以下两个问题。

- 其他 APP 可以接收到当前 APP 发送的广播，导致数据外泄。
- 其他 APP 可以向当前 APP 发送广播消息，导致 APP 被非法控制。

Google 官方提供了几种方案，从发送广播和接收广播两个方面增强广播的安全性。

（1）发送广播

- 发送广播时，增加相应的 permission，用于权限验证。
- 在 Android 4.0 及以上系统中发送广播时，可以使用 setPackage 方法设置接收广播的包名。

- 使用局部广播。

（2）接收广播

- 注册广播接收器时，增加相应的 permission，用于权限验证。
- 注册广播接收器时，设置 android:exported 的值为 false。
- 使用局部广播。

示例代码如下：

```
Intent intent = new Intent();
intent.setAction("com.eam.read");
intent.putExtra("data","test");
intent.setPackage("com.ruwant.test");
sendBroadcast(intent, Manifest.permission.SEND_SMS);
```

发送广播时，如增加了 permission，那接收广播的 APP 必须申请相应权限，这样才能收到对应的广播，如下所示：

```
<uses-permission android:name="android.permission.SEND_SMS"/>
```

反之，如注册广播接收器时增加了 permission，如下所示：

```
<receiver android:name=" com.ruwant.eam.broadcast.EamOrderBroadcastReceiver "
        android:permission="android.permission.SEND_SMS">
    <intent-filter>
        <action android:name=" com.eam.read "/>
    </intent-filter>
</receiver>
```

那么发送广播的 APP 也必须申请相应权限，这样才能发送广播给对应的广播接收器，如下所示：

```
<uses-permission android:name= "android.permission.SEND_SMS"/>
```

第15章 ContentProvider概述

ContentProvider 提供了在应用程序之间共享数据的一种机制。

- ContentProvider 为存储和获取数据提供了统一的接口。ContentProvide 对数据进行了封装，用表的形式组织数据。开发人员不用关心数据存储的细节，这减轻了开发人员的工作量。
- Android 为常见的一些数据提供了默认的 ContentProvider（包括音频、视频、图片和通讯录等）。

使用 ContentProvider 处理大批量数据时，最好把操作放在一个事务里完成，这样可以保证操作的完整性。要么所有的数据都成功处理，若有一个数据出错，则之前所有的操作都做回滚处理。

第16章 Fragment概述

16.1 Fragment简介

Fragment（片段）表示 Activity 中的行为或用户界面部分。开发人员可以将多个片段组合在一个 Activity 中来构建多窗格 UI，以及在多个 Activity 中重复使用某个片段。可以将片段视为 Activity 的模块化组成部分，它具有自己的生命周期，能接收自己的输入事件，并且可以在 Activity 运行时添加或删除片段（类似于在不同 Activity 中重复使用的“子 Activity”）。

片段必须始终嵌入在 Activity 中，其生命周期直接受宿主 Activity 生命周期的影响。 例如，当 Activity 暂停时，其中的所有片段也会暂停；当 Activity 被销毁时，所有片段也会被销毁。

当 Activity 正在运行（处于已恢复生命周期状态）时，可以独立操纵每个片段，如添加或移除它们。当执行此类片段事务时，也可以将其添加到由 Activity 管理的返回栈——Activity 中的每个返回栈条目都是一条已发生片段事务的记录。返回栈让用户可以通过按 返回 按钮撤消片段事务（即后退）。

当将片段作为 Activity 布局的一部分添加时，它存在于 Activity 视图层次结构的某个 ViewGroup 内部，并且片段会定义其自己的视图布局。可以通过在 Activity 的布局文件中声明片段，将其作为 <fragment> 元素插入 Activity 布局中，或者通过将其添加到某个现有 ViewGroup，利用应用代码进行插入。

Fragment 的优点是可以使开发人员将 Activity 分离成多个可重用的组件，每个都有它自己的生命周期和 UI；Fragment 可以轻松创建动态灵活的 UI 设计，适应于不同的屏幕尺寸（从手机到平板电脑）；Fragment 做局部内容的更新更方便，原来需要把多个布局放到一个 Activity 里面，现在可以用多 Fragment 来代替，只有在需要的时候才加载 Fragment。

16.2 Fragment的创建

Fragment 类的代码与 Activity 类非常相似，它包含与 Activity 类似的回调方法，如 onCreate()、onStart()、onPause() 和 onStop()。

通常，应实现以下生命周期方法。

```
onCreate()
```

系统会在创建片段时调用此方法。在其实现中，应当初始化那些希望在该片段暂停或停止时被保留的必需片段组件以供之后继续使用。

```
onCreateView()
```

系统会在片段首次绘制其用户界面时调用此方法。要想为片段绘制 UI，从此方法中返回的 View 必须是片段布局的根视图。如果片段未提供 UI，可以返回 null。

```
onPause()
```

系统将此方法作为用户离开片段的第一个信号（但并不总是意味着此片段会被销毁）进行调用。通常应该在此方法内确认在当前用户会话结束后仍然有效的任何更改（因为用户可能不会返回）。

Fragment 的生命周期如图 16-1 所示。

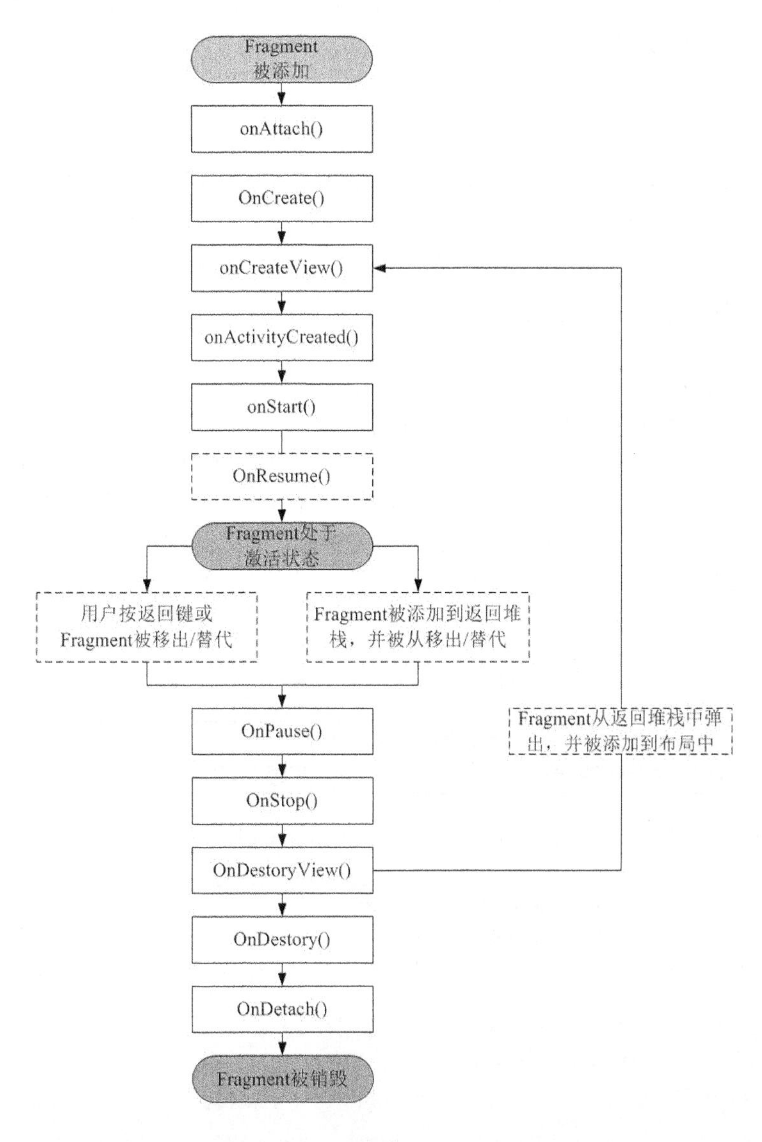

图16-1

Android 系统也提供了几个 Fragment 的子类。

```
DialogFragment
```

显示浮动对话框。

```
ListFragment
```

显示由适配器（如 SimpleCursorAdapter）管理的一系列项目，类似于 ListActivity。它提供了几种管理列表视图的方法，如用于处理点击事件的 onListItemClick() 方法。

```
PreferenceFragment
```

以列表形式显示 Preference 对象的层次结构，类似于 PreferenceActivity。这在应用创建“设置”Activity 时很有用处。

16.3　Fragment的懒加载

对于使用 ViewPager+Fragment 开发的界面，会遇到用户在点击第一个 TAB 页、看第一个 Fragment 的界面时，系统会自动执行第二个 TAB 页 Fragment 的代码，自动从服务器或本机获取第二个 Fragment 界面展示的数据；点击并查看第二个 TAB 页的时候，系统会自动执行第三个 TAB 页的代码的情况。在许多时候，用户可能只想看第一个 TAB 页的数据，不想看第二个 TAB 页的数据，或只看第二个 TAB 页的数据，不想看第三个 TAB 页的数据。系统如果这样自动执行代码，从服务器获取数据，会浪费用户的数据流量，而且如果自动执行的代码出错了，用户可能还会莫名地看到出错提示。这就需要改变代码的运行机制，只在用户看到某个 Fragment 界面的时候才加载数据，也就是懒加载。

在 ViewPager 类中，以下变量是定义预加载的页数，默认为 1。

```
private static final int DEFAULT_OFFSCREEN_PAGES = 1;
private int mOffscreenPageLimit = DEFAULT_OFFSCREEN_PAGES;
```

以下方法可以设置预加载的页数，从代码可以看出，预加载的最小页数是 1，不能设置为 0。

```
public void setOffscreenPageLimit(int limit) {
    if (limit < DEFAULT_OFFSCREEN_PAGES) {
        limit = DEFAULT_OFFSCREEN_PAGES;
    }
    if (limit != mOffscreenPageLimit) {
        mOffscreenPageLimit = limit;
        populate();
    }
}
```

从 ViewPager 类无法改变系统的预加载机制，只能从 Fragment 类入手。

在 Fragment 类中，定义了一个方法，如下所示。

```
    public void setUserVisibleHint(boolean isVisibleToUser) {
            if (!mUserVisibleHint && isVisibleToUser && mState < STARTED) {
                mFragmentManager.performPendingDeferredStart(this);
            }
            mUserVisibleHint = isVisibleToUser;
            mDeferStart = !isVisibleToUser;
        }
```

这个方法的作用是告诉系统，用户是否可以看见当前 Fragment 的界面。如果界面不可见，系统会调用此方法，并且参数 isVisibleToUser 的值为 false；可见时，系统也会调用此方法，且参数的值为 true。可以利用这个方法实现数据的懒加载。

首先，从 Fragment 类派生一个 baseFragment 类，作为创建各 Fragment 类的基类。

```
    abstract class baseFragment extends Fragment{

        //标示当前Fragment是否要懒加载数据
        private boolean isLazyLoadData = false;

        //标示是否已经加载过数据
        private boolean isHasLoadDate = false;


        @Override
        public void onActivityCreated(Bundle savedInstanceState) {
           super.onActivityCreated(savedInstanceState);

           //如果不需要懒加载数据，在执行到onActivityCreated方法时，就开始加载数据
           if(!isLazyLoadData){
              loadData();
           }
        }

        @Override
        public void setUserVisibleHint(boolean isVisibleToUser) {
           super.setUserVisibleHint(isVisibleToUser);

           if (isVisibleToUser) {

              //当界面可见时，如果需要懒加载数据，且还未加载过数据，在执行
              //setUserVisibleHint方法时，开始加载数据
```

```
        if (isLazyLoadData) {
            if (!isHasLoadDate) {
                isHasLoadDate = true;

                loadData();
            }
        }

    }else{
        Log.v("baseFragment", "baseFragment-->setUserVisibleHint() false");
    }

}

@Override
public void onDestroy() {
    // TODO Auto-generated method stub
    super.onDestroy();

    //在销毁Fragment时，变量的值都设为false
    isHasLoadDate = false;

    isLazyLoadData = false;
}

//提供接口方法，设置是否需要懒加载数据
public void setLazyLoadData(boolean isSetLazyLoadData) {

    isLazyLoadData = isSetLazyLoadData;
}

 //在基类中的加载数据方法为虚方法，子类必须实现此方法
abstract void loadData();
}
```

创建子类时，只需继承 baseFragment 类，并且实现 loadData 方法，其余不需做特别处理。

```
public class fragmentA extends baseFragment{
    @Override
    public void loadData() {
    }

}

public class fragmentB extends baseFragment{
```

```
        @Override
        public void loadData() {

        }

    }
```

创建 Fragment 时，需设置是否需要懒加载。

```
    public class MainActivity extends FragmentActivity {
        @Override
        protected void onCreate(Bundle savedInstanceState) {
            super.onCreate(savedInstanceState);
            setContentView(R.layout.activity_main);

            mFragmentA = new fragmentA();
            mFragmentA.setLazyLoadData(false);

            mFragmentB = new fragmentB();
            mFragmentB.setLazyLoadData(true);
        }
    }
```

16.4 Fragment的数据保存和恢复

16.4.1 临时保存数据和恢复

在以下场景需要临时保存当前 Fragment 使用的一些数据。

- 手机横竖屏模式切换时。
- 用户点击 Home 键，把当前界面切换到后台时。
- 手机锁屏时。
- 从当前 Activity 跳到另一个 Activity，但不销毁之前的 Activity 时。

Fragment 类和 Activity 类一样，也提供了 onSaveInstanceState 方法临时保存当前界面的数据，不过此方法是个空方法，需要开发者自己编写保存数据的代码。

```
    public void onSaveInstanceState(Bundle outState) {
    }
```

在创建 Fragment 的时候，这个方法会在 onStart 方法之后被调用，横竖屏切换和当 Fragment 界面被切换到后台的时候，这个方法会在 onPause 方法之后被调用。

可在 onCreateView 和 onActivityCreated 等方法中进行数据恢复的处理。

16.4.2 持久保存数据和恢复

在用户点击返回按钮或点击返回按键完全退出 Fragment 的时候，如需要持久保存数据，可将保存数据的代码放在 onStop() 和 onDestroy() 等方法中，恢复数据的代码放在 onCreate 方法中。

16.5 Fragment的使用场景

在没有 Fragment 的时候，基本上是一个界面就要新建一个 Activity，有了 Fragment 就可以使用单个 Activity+ 多个 Fragment 的方式，减少内存消耗、提升性能，且界面显示也更灵活。

对于不同界面间有密切的逻辑关系且界面相似的场景，可以采用单个 Activity 加多个 Fragment 的方式，如以下 3 种情况。

- APP 的主页面，点击不同的 TAB 按钮显示不同的界面。
- 用户的登录注册模块包括：登录、注册和修改密码这三个界面的实现。
- 列表界面和列表项对应的详情界面这两种界面的实现，类似于订单列表和订单详情界面。

第17章　Android权限

17.1　权限分类

Android 6.0 及以上系统采用了新的权限机制，将权限分为两类。

17.1.1　Normal Permissions

这类权限一般不涉及用户隐私，是不需要用户进行授权的，只需要在 AndroidManifest.xml 中声明即可使用，比如使用蓝牙和访问网络等。

```
android.permission.ACCESS_LOCATION_EXTRA_COMMANDS
android.permission.ACCESS_NETWORK_STATE
android.permission.ACCESS_NOTIFICATION_POLICY
android.permission.ACCESS_WIFI_STATE
android.permission.ACCESS_WIMAX_STATE
android.permission.BLUETOOTH
android.permission.BLUETOOTH_ADMIN
android.permission.BROADCAST_STICKY
android.permission.CHANGE_NETWORK_STATE
android.permission.CHANGE_WIFI_MULTICAST_STATE
android.permission.CHANGE_WIFI_STATE
android.permission.CHANGE_WIMAX_STATE
android.permission.DISABLE_KEYGUARD
android.permission.EXPAND_STATUS_BAR
android.permission.FLASHLIGHT
android.permission.GET_ACCOUNTS
android.permission.GET_PACKAGE_SIZE
android.permission.INTERNET
android.permission.KILL_BACKGROUND_PROCESSES
android.permission.MODIFY_AUDIO_SETTINGS
android.permission.NFC
android.permission.READ_SYNC_SETTINGS
android.permission.READ_SYNC_STATS
android.permission.RECEIVE_BOOT_COMPLETED
android.permission.REORDER_TASKS
android.permission.REQUEST_INSTALL_PACKAGES
android.permission.SET_TIME_ZONE
android.permission.SET_WALLPAPER
android.permission.SET_WALLPAPER_HINTS
android.permission.SUBSCRIBED_FEEDS_READ
android.permission.TRANSMIT_IR
```

```
android.permission.USE_FINGERPRINT
android.permission.VIBRATE
android.permission.WAKE_LOCK
android.permission.WRITE_SYNC_SETTINGS
com.android.alarm.permission.SET_ALARM
com.android.launcher.permission.INSTALL_SHORTCUT
com.android.launcher.permission.UNINSTALL_SHORTCUT
```

17.1.2 Dangerous Permissions

另一类是 Dangerous Permission，一般是涉及用户隐私的，除了需要在 AndroidManifest.xml 中声明，还需要在 APP 运行过程中动态权限申请用户进行授权，比如打电话和发短信等，如表 17-1 所示。

表 17-1

Permission Group	Permissions
android.permission-group.CALENDAR	android.permission.READ_CALENDAR
	android.permission.WRITE_CALENDAR
android.permission-group.CAMERA	android.permission.CAMERA
android.permission-group.CONTACTS	android.permission.READ_CONTACTS
	android.permission.WRITE_CONTACTS
	android.permission.GET_ACCOUNTS
android.permission-group.LOCATION	android.permission.ACCESS_FINE_LOCATION
	android.permission.ACCESS_COARSE_LOCATION
android.permission-group.MICROPHONE	android.permission.RECORD_AUDIO
android.permission-group.PHONE	android.permission.READ_PHONE_STATE
	android.permission.CALL_PHONE
	android.permission.READ_CALL_LOG
	android.permission.WRITE_CALL_LOG
	com.android.voicemail.permission.ADD_VOICEMAIL
	android.permission.USE_SIP
	android.permission.PROCESS_OUTGOING_CALLS
android.permission-group.SENSORS	android.permission.BODY_SENSORS

续表

Permission Group	Permissions
android.permission-group.SMS	android.permission.SEND_SMS
	android.permission.RECEIVE_SMS
	android.permission.READ_SMS
	android.permission.RECEIVE_WAP_PUSH
	android.permission.RECEIVE_MMS
	android.permission.READ_CELL_BROADCASTS
android.permission-group.STORAGE	android.permission.READ_EXTERNAL_STORAGE
	android.permission.WRITE_EXTERNAL_STORAGE

这些权限被分成 9 个权限组，同一组的任何一个权限被授权了，其他权限也自动被授权，反之亦然。

17.2　动态权限申请

直接使用 Android 系统的方法实现动态权限申请比较麻烦，目前也有许多开源库实现此功能，其中 easypermissions 库使用比较简单。

示例代码如下：

```
//build.gradle中添加库
dependencies {
    compile  'pub.devrel:easypermissions:0.1.7'
}
public class MainActivity extends Activity implements
        EasyPermissions.PermissionCallbacks {

    private static final String TAG = "MainActivity";

    private static final int RC_CAMERA_STORAGE_PERM = 110;

    @Override
    protected void onCreate(Bundle savedInstanceState) {
        super.onCreate(savedInstanceState);
        setContentView(R.layout.activity_main);

        findViewById(R.id.button_selectImage).setOnClickListener (new View.
        OnClickListener() {
            @Override
            public void onClick(View v) {
                selectImageTask ();
            }
        });
```

```
@AfterPermissionGranted(RC_CAMERA_STORAGE_PERM)
    public void selectImageTask() {

        String[] perms = { Manifest.permission.CAMERA, Manifest.permission.WRITE_ EXTERNAL_
        STORAGE };

        if (EasyPermissions.hasPermissions(getContext(), perms)) {
            // Have permission, do the thing!
            getImage();
        } else {
            // Ask for one permission
            EasyPermissions.requestPermissions(this, getString(R.string.rationale_
            camera_storge), RC_CAMERA_STORAGE_PERM, perms);
        }
    }

    @Override
    public void onRequestPermissionsResult(int requestCode, @NonNull String[] permissions,
    @NonNull int[] grantResults) {
        super.onRequestPermissionsResult(requestCode, permissions,  grantResults);

        // EasyPermissions handles the request result.
        EasyPermissions.onRequestPermissionsResult(requestCode, permissions, grantResults, this);
    }

    @Override
    public void onPermissionsGranted(int requestCode, List<String> perms) {
        //Log.d(TAG, "onPermissionsGranted:" + requestCode + ":" + perms.size());
    }

    @Override
    public void onPermissionsDenied(int requestCode, List<String> perms) {
        //Log.d(TAG, "onPermissionsDenied:" + requestCode + ":" + perms.size());

        // (Optional) Check whether the user denied permissions and checked NEVER ASK AGAIN.
        // This will display a dialog directing them to enable the permission in app settings.
        EasyPermissions.checkDeniedPermissionsNeverAskAgain(this,
                getString(R.string.rationale_ask_again),
                R.string.mine_setting, R.string.cancel, perms);
    }
}
```

17.3 兼容性问题

新的权限机制仅在 APP 的 targetSdkVersion 为 23，且 APP 运行在安装了 Android 6.0 及以上版本系统的设备上起作用。若 APP 的 targetSdkVersion 为 23，但运行在安装了 Android 6.0 之前版本系统的设备时，依然使用旧的权限机制。

第18章 Android动画

18.1 帧动画

帧动画是顺序播放一组预先定义好的图片，类似于电影播放，系统提供了 AnimationDrawable 类使用帧动画。

帧动画通常利用 XML 文件定义各帧的图片。在工程 res/drawable 的文件夹中创建名为 frame_animation.xml 的文件，内容如下所示：

```
<animation-list xmlns:android="http://schemas.android.com/apk/res/android"
    android:oneshot="false">
    <item android:drawable="@drawable/image0" android:duration="100" />
    <item android:drawable="@drawable/image1" android:duration="100" />
    <item android:drawable="@drawable/image2" android:duration="100" />
</animation-list>
```

其中 android:oneshot= “true” 表示该动画只播放一次，等于 “false”，则表示循环播放。

```
android:duration=” 100” 表示播放时间为100ms
```

<item/> 标签定义各个帧显示的图片，显示顺序依照 <item/> 定义的顺序。

在 activity_main.xml 中添加 ImageView 控件：

```
<ImageView
  android:id="@+id/frame_animation_imageView"
  android:layout_width="wrap_content"
  android:layout_height="wrap_content" />
```

播放动画的代码如下所示：

```
    ImageView frameAnimationView = (ImageView)findViewById(R.id.frame_animation_
imageView);
    frameAnimationView.setBackgroundResource(R.drawable.frame_animation);
    AnimationDrawable frameAnimation = (AnimationDrawable)frameAnimationView.
getBackground();
    frameAnimation.Start();
```

帧动画的使用比较简单，但因为使用的图片多，容易导致OOM (Out Of Memory)，如果使用帧动画，图片的尺寸要尽可能小。

18.2 View动画

View 动画就是很多书籍所说的 Tweened Animation（有人翻译为补间动画），它可以对视图对象的内容执行一系列简单的转换（位置、大小、旋转和透明度），从而产生动画效果；它支持 4 种动画效果，对应 Animation 的四个子类，具体如表 18-1 所示。

表 18-1

名称	标签	子类	效果
平移动画	<translate>	TranslateAnimation	移动 View
缩放动画	<scale>	ScaleAnimation	放大或缩小 View
旋转动画	<rotate>	RotateAnimation	旋转 View
透明度动画	<alpha>	AlphaAnimation	改变 View 的透明度

对于 View 动画，通常也是用 XML 文件定义动画，语法示例如下所示。

```
<?xml version="1.0" encoding="utf-8"?>
<set xmlns:android="http://schemas.android.com/apk/res/android"
    android:interpolator="@[package:]anim/interpolator_resource"
    android:shareInterpolator=["true" | "false"] >
    <alpha
        android:fromAlpha="float"
        android:toAlpha="float" />
    <scale
        android:fromXScale="float"
        android:toXScale="float"
        android:fromYScale="float"
        android:toYScale="float"
        android:pivotX="float"
        android:pivotY="float" />
    <translate
        android:fromXDelta="float"
        android:toXDelta="float"
        android:fromYDelta="float"
        android:toYDelta="float" />
    <rotate
        android:fromDegrees="float"
        android:toDegrees="float"
        android:pivotX="float"
        android:pivotY="float" />
    <set>
        ...
    </set>
</set>
```

该文件只能有一个根结点，可以是 <alpha>、<scale>、<translate> 或 <rotate> 中的任何一个，也可以是

<set> 节点，<set> 节点可以包含子节点，即可以包含 <set>、<alpha>、<scale>、<translate> 或 <rotate>。

- android:interpolator 表示所使用的插值器，可以是 Android 系统自带的，也可以是自定义。
- android:shareInterpolator 表示是否将该 Interpolator 共享给子节点。
- android:pivotX 和 android:pivotY 定义的是此次动画变化的轴心位置，默认是左上角，当把它们两者都赋值为 50%，则变化轴心在中心。

在工程的 res 文件夹中创建 anim 文件夹，在其中创建 view_animation.xml 文件，内容如下所示：

```
<?xml version="1.0" encoding="utf-8"?>
<set xmlns:android="http://schemas.android.com/apk/res/android"
    android:shareInterpolator="false">
        <scale
         android:interpolator="@android:anim/accelerate_decelerate_interpolator"
            android:fromXScale="1.0"
            android:toXScale="1.4"
            android:fromYScale="1.0"
            android:toYScale="0.6"
            android:pivotX="50%"
            android:pivotY="50%"
            android:fillAfter="false"
            android:duration="1000" />
        <set android:interpolator="@android:anim/decelerate_interpolator">
            <scale
                android:fromXScale="1.4"
                android:toXScale="0.0"
                android:fromYScale="0.6"
                android:toYScale="0.0"
                android:pivotX="50%"
                android:pivotY="50%"
                android:startOffset="700"
                android:duration="1000"
                android:fillBefore="false" />
            <rotate
                android:fromDegrees="0"
                android:toDegrees="-45"
                android:toYScale="0.0"
                android:pivotX="50%"
                android:pivotY="50%"
                android:startOffset="700"
                android:duration="1000" />
        </set>
</set>
```

- andoird:fillAfter：动画结束以后 View 是否停留在结束位置，值为 “true” 表示停留，“false” 表示不停留。
- startOffset：该属性定义动画推迟多久开始，通过这个属性的设置，可以设计一些前后按序发生的动画。

在 activity_main.xml 中添加 TextView 控件：

```
<TextView
  android:id="@+id/view_animation_textView"
  android:layout_width="wrap_content"
  android:layout_height="wrap_content"
  android:text="ViewAnimation"/>
```

播放动画的代码如下所示：

```
TextView textView = (TextView) findViewById(R.id.view_animation_textView);
Animation animation = AnimationUtils.loadAnimation(MainActivity.this, R.anim.view_
animator);
textView.startAnimation(animation);
```

18.3 属性动画简介

18.3.1 属性动画

使用属性动画（Property Animation），可以定义一个动画来随时间改变任何对象属性，不管它是否绘制到屏幕上。

属性动画常用到的特性有以下几个。

- duration：可以指定动画的持续时间。默认时间为 300ms。
- sets：可以将动画分组为逻辑集合，它们在一起、按顺序或在指定的延迟之后播放。
- propertyName：动画效果的属性名称，如 alpha 和 rotation 等。
- valueFrom 和 valueTo：参数的取值区间。
- repeatCount：重复次数。
- repeatMode：指定是否希望动画反向播放。

属性动画常用到的类有以下几个。

- ObjectAnimator：这个类提供了动画属性 ValueAnimator 对象支持。
- ValueAnimator：这个类提供了一个运行动画的简单时间引擎，它计算动画值并将其设置在目标对象上。
- AnimatorSet：这个类以指定的顺序播放一组动画对象。

18.3.2 使用示例

1. 纯代码方式实现动画

（1）平移对象：

实现方式一：

```
ValueAnimator animation = ValueAnimator.ofFloat(0f, 200f);
animation.setDuration(1000);
animation.start();

animation.addUpdateListener(new ValueAnimator.AnimatorUpdateListener() {
    @Override
    public void onAnimationUpdate(ValueAnimator updatedAnimation) {
        float animatedValue = (float)updatedAnimation.getAnimatedValue();
        //如下代码是使对象沿X轴方向平移，如果沿Y轴方向平移，则调用setTranslationY方法
        textView.setTranslationX(animatedValue);
            }
});
```

实现方式二：

```
//如下代码是使对象沿X轴方向平移，如果沿Y轴方向平移，则第二个参数值设为translationY
ObjectAnimator animation = ObjectAnimator.ofFloat(textView, "translationX", 200f);
animation.setDuration(1000);
animation.start();
```

（2）设置对象渐变效果：

```
ObjectAnimator animation = ObjectAnimator.ofFloat(textView, "alpha", 1f, 0f);
animation.setDuration(1000);
animation.start();
```

（3）旋转对象：

```
ObjectAnimator animation = ObjectAnimator.ofFloat(textView, "rotation", 0f, 360f);
animation.setDuration(1000);
animation.start();
```

（4）设置对象在 X 轴和 Y 轴方向同时移动：

- 方式一：

```
ObjectAnimator animX = ObjectAnimator.ofFloat(textView, "x", 50f);
ObjectAnimator animY = ObjectAnimator.ofFloat(textView, "y", 100f);
AnimatorSet animSetXY = new AnimatorSet();
animSetXY.playTogether(animX, animY);
```

```
animSetXY.setDuration(1000);
animSetXY.start();
```

- 方式二：

```
PropertyValuesHolder pvhX = PropertyValuesHolder.ofFloat("x", 50f);
PropertyValuesHolder pvhY = PropertyValuesHolder.ofFloat("y", 100f);
ObjectAnimator.ofPropertyValuesHolder(textView, pvhX, pvhY).setDuration(1000) .start();
```

2. 代码和XML文件结合实现动画

（1）平移对象：在工程的 res 文件夹中创建 animation 文件夹，在其中创建 value_animation.xml 文件。内容如下所示：

```
<?xml version="1.0" encoding="utf-8"?>
<animator xmlns:android="http://schemas.android.com/apk/res/android"
    android:duration="1000"
    android:valueType="floatType"
    android:valueFrom="0f"
    android:valueTo="200f" />
```

播放动画的代码如下所示：

```
ValueAnimator xmlAnimaton = (ValueAnimator) AnimatorInflater.loadAnimator (MainActivity
.this,R.animator.value_animation);
xmlAnimator.addUpdateListener(new ValueAnimator.AnimatorUpdateListener(){
   @Override
   public void onAnimationUpdate(ValueAnimator updatedAnimation) {
      float animatedValue = (float)updatedAnimation.getAnimatedValue();
textView.setTranslationX(animatedValue);
     }
  });

 xmlAnimator.start();
```

（2）多种动画方式的组合实现：在工程的 res 文件夹中创建 animation 文件夹，在其中创建 object_animation.xml 文件。内容如下所示：

```
<?xml version="1.0" encoding="utf-8"?>
<set xmlns:android="http://schemas.android.com/apk/res/android"
    android:ordering="together">
    <set>
        <objectAnimator
            android:duration="1000"
            android:propertyName="translationX"
            android:valueFrom="0"
            android:valueTo="200"
            android:repeatCount="3"
            android:repeatMode="reverse"
```

```
            android:valueType="floatType"/>

        <objectAnimator
            android:duration="1000"
            android:propertyName="alpha"
            android:valueFrom="1"
            android:valueTo="0"
            android:repeatCount="3"
            android:valueType="floatType"/>
    </set>
</set>
```

android:ordering="together" 表示对象在移动的同时，还会有渐变效果；android:ordering="sequentially" 则对象先移动，然后会有渐变效果。

播放动画的代码如下所示：

```
AnimatorSet set = (AnimatorSet) AnimatorInflater.loadAnimator(MainActivity.this,
        R.animator.object_animaton);
set.setTarget(textView);
set.start();
```

18.4 Activity切换动画

Activity 有默认的切换动画效果，但可以使用 overridePendingTransition（int enterAnim, int exitAnim）这个方法自定义动画效果，参数含义如下所述。

- enterAnim—启动 Activity 时，使用的动画资源 ID。
- exitAnim—关闭 Activity 时，使用的动画资源 ID。

这个方法必须在 startActivity 或 finish 方法之后调用才能起作用。

使用此方法，需要在工程的 res 文件夹中创建 anim 文件夹，再在其中创建动画描述文件，具体内容如下所示：

```
enter.xml 一启动Activity时界面从下向上逐渐显示出来
<?xml version="1.0" encoding="utf-8"?>
<set xmlns:android="http://schemas.android.com/apk/res/android">
    <translate
        android:fromXDelta="0%p"
        android:fromYDelta="100%p"
        android:toXDelta="0%p"
        android:toYDelta="0%p"
        android:duration="6000">
   </translate>
</set>
```

```
exit.xml—关闭Activity时界面从上向下逐渐消失
<?xml version="1.0" encoding="utf-8"?>
<set xmlns:android="http://schemas.android.com/apk/res/android">
    <translate
        android:fromXDelta="0%p"
        android:fromYDelta="0%p"
        android:toXDelta="0%p"
        android:toYDelta="100%p"
        android:duration="6000">
    </translate>
</set>
```

使用此方法的示例代码如下所示：

```
//在启动Activity时，自定义动画效果
Intent intent=new Intent(this,SettingActivity.class);
startActivity(intent);
overridePendingTransition(R.anim.enter, R.anim.exit);

//在退出Activity时，自定义动画效果
@Override
public void finish(){
    super.finish();
    overridePendingTransition(R.anim.enter, R.anim.exit);
}
```

第19章 图片类型

19.1　位图简介

19.1.1　位图

位图，也叫做点阵图、删格图象和像素图，简单地说就是最小单位是像素的图，每个像素有自己的颜色信息，在对位图图像进行编辑操作的时候，可操作的对象是每个像素，可以改变图像的色相、饱和度和透明度，从而改变图像的显示效果。

这些信息有不同的编码方案，最常见的就是 RGB 方案。根据需要，编码后的信息可以有不同的位（bit）数——位深。位数越高，颜色越清晰，对比度越高，占用的空间也越大；另一项决定位图精细度的是其中点的数量。每平方英寸中所含像素越多，图像越清晰，颜色之间的混和也越平滑。一个位图文件就是所有构成其的点的数据的集合，所占的存储空间就等于点数乘以位深。

位图的好处是色彩变化丰富，可以改变任何形状区域的色彩显示效果。相应的，要实现的效果越复杂，需要的像素数越多，图像文件的大小（即长宽）和体积（即存储空间）越大。位图比较适合表现颜色丰富、有明暗变化和大量细节的人物风景画面。

位图图片放大到超出原有大小时，各个像素点之间出现空缺，图像会模糊失真，这点不如矢量图。

常见的位图格式有 JPEG/JPG、GIF、TIFF、PNG 和 BMP 等。

19.1.2　WebP格式

WebP 是 Google 发明的一种图片文件格式，这种格式的图片既可以像 JPEG 格式的图片那样实现有损压缩，也可以像 PNG 格式的图片那样具有透明度特性，但这种格式可以提供比 JPEG 或 PNG 格式更好的压缩效果。

无损压缩的 WebP 格式图片比 PNG 格式的图片占据的存储空间要小 26%；有损压缩的 WebP 格式图片在具有相同结构相似性（SSIM）的情况下比 JPEG 格式图片占据的存储空间要小 25% ~ 34%；具有透明度特性无损压缩的 WebP 格式图片会多出 22% 的附件字节。

Android 4.0（API level 14）及其之后的版本支持有损压缩的 WebP 格式图片，Android 4.3（API level 18）及其之后的版本支持无损压缩和具有透明度特性的 WebP 格式的图片。

Android Studio 可以把 PNG、JPG、BMP 和静态的 GIF 图片转成 WebP 格式的图片，但不支持把点 9 图片转成 WebP 格式。

在 Android Studio 工程中，选中图片，点击鼠标右键，弹出的选项菜单中，有“Convert to WebP...”这个功能菜单，如图 19-1 所示；点击此菜单，出现如图 19-2 所示的对话框，就可以把图片转成 WebP 格式了。

图19-1

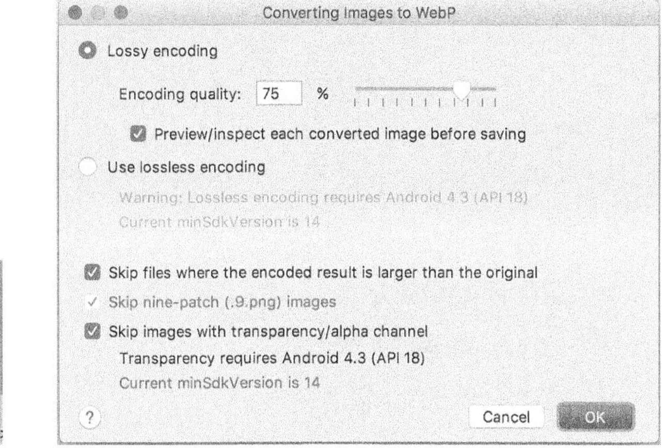

图19-2

WebP 格式图片的使用方式与其他格式图片一样。

19.2　矢量图简介

矢量图，也叫向量图，简单地说就是缩放不失真的图像格式。矢量图是通过多个对象的组合生成的，对其中的每一个对象的记录方式都是以数学函数来实现的；一幅图可以理解为一系列由点、线、面等组成的子图，矢量图记录的是对象的几何形状、线条粗细和色彩等，并不是像位图那样记录画面上每一点的信息。

矢量图中简单的几何图形，只需要几个特征数值就可以确定。比如三角形，只需要确定 3 个顶点的坐标；圆只需要确定圆心的坐标和半径；描述函数已知的曲线也只需要几个参数就能够确定，如正弦曲线、各种螺线等。如果用位图记录这些几何图案，则需要包含组成线条的各个像素的数据。

除了大大节省空间，矢量图还具有完美的伸缩性。因为记录的是图形的特征，图形的尺寸任意变化时都只是做着相似变换，不会出现模糊和失真。无论显示画面是大还是小，画面上的对象所对应的算法是不变的，即使对画面进行倍数相当大的缩放，其显示效果仍然相同（不失真）。

矢量图适合用于记录诸如符号、图标等简单的图形和表示有规律的线条组成的图形，如工程图、三维造型或艺术字等。矢量图不宜制作色彩丰富的图像，它无法制作像照片一样效果逼真的图像，一般不适合表现人物、风景图片等复杂的景物。

位图由大量像素点的信息组成，数据量大，占用空间大；而矢量图文件只保存算法和特征点，数据量小，占用空间也小。

矢量图格式有 CGM、SVG,、AI（Adobe Illustrator）和 CDR（CorelDRAW）等。

第20章 Android矢量图的使用

20.1 功能简介

Android 5.0 发布的时候，Google 提供了对 Vector 的支持，其支持的 VectorDrawable 矢量图采用的标准相当于是 SVG 标准的子集。

SVG（Scalable Vector Graphics）可缩放矢量图基于可扩展标记语言（XML），是用于描述二维矢量图形的一种图形格式。SVG 图像在放大或改变尺寸的情况下，其图形质量不会有所损失。

Android 系统中既可以实现矢量图的静态展示，也可以实现动态展示。

开发 APP 的时候，使用矢量图，就不需要像位图那样内置多张不同分辨率的图片，可以有效减少 APP 所占空间大小。

在 Android 系统中使用矢量图需要把图转换成 XML 文件。Android Studio 自带的 Vector Asset 工具，就提供了此功能，且使用很方便。

如图 20-1 所示，在 Android Studio 工程中，选中 res 文件夹，点击鼠标右键，选中“New”->“Vector Asset”功能菜单，显示如图 20-2 所示界面：

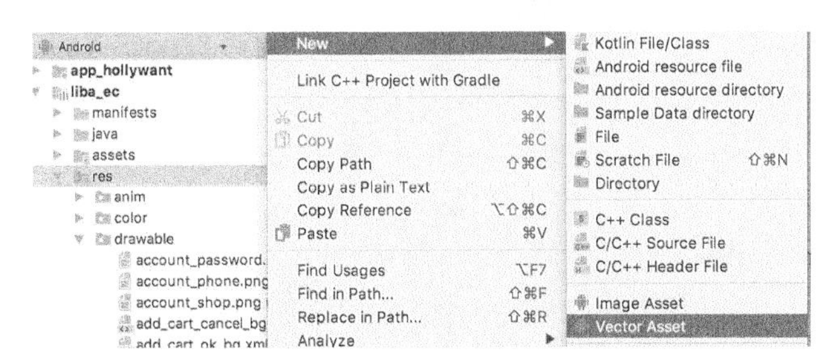

图20-1

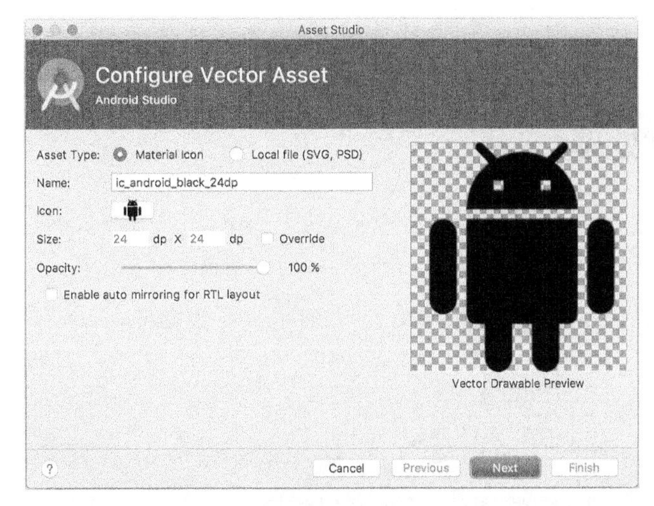

图20-2

从此界面可选择生成 XML 文件的图片。

点击如图 20-3 所示的按钮：

图20-3

会显示 Android Studio 自带的 Icon。如图 20-4 所示：

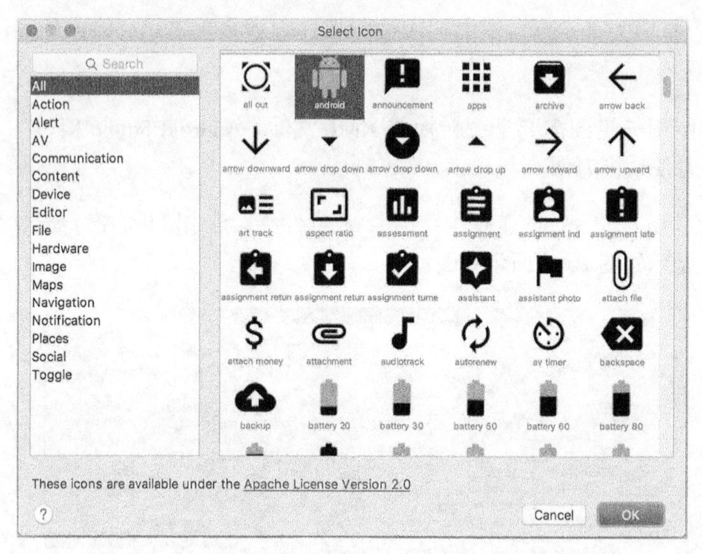

图20-4

20.2 兼容性处理

开始只能在 Android5.0 及以上版本系统使用 Vector 功能，Android gradle plugin 1.5 发布以后，Android 编译工具提供了一个解决兼容性的方案。

如果编译时，设置的目标系统版本小于 5.0，那么编译工具 会把 VectorDrawable 生成对应的 png 图片，这样在 5.0 版本以下的系统中使用的是生成的 png 图；在 5.0 及以上的版本系统中直接使用 VectorDrawable 矢量图。

在 build.gradle 中添加 generatedDensities 配置，可以配置生成的 png 图片的密度。

使用 Gradle Plugin 2.0 以上版本时，具体 Gradle 代码如下所示。

```
android {

    defaultConfig {
        vectorDrawables.useSupportLibrary = true
       //只生成密度为mdpi的png图片
       //vectorDrawables.generatedDensities = [ 'mdpi ']
    }
}
```

使用 Gradle Plugin 2.0 以下，Gradle Plugin 1.5 以上版本，具体 Gradle 代码如下所示。

```
android {
  defaultConfig {
    // 生成各种密度的png图片
    vectorDrawables.generatedDensities = []
  }
  // Flag to tell aapt to keep the attribute ids around
  aaptOptions {
    additionalParameters "--no-version-vectors"
  }
}
```

添加支持库。

```
compile  'com.android.support:appcompat-v7:23.4.0'
```

V7 支持库的版本必须是 23.2.0 及以上版本，同时要确保在代码中使用的是 AppCompatActivity 而不是普通的 Activity。

20.3 Vector语法简介

Android 系统以一种简化的方式对 SVG 进行了兼容，这种方式就是使用它的 Path 标签。通过 Path 标签，几乎可以实现 SVG 中的其他所有标签。

1. Path指令

M = moveto（M X,Y）：将画笔移动到指定的坐标位置。

L = lineto（L X,Y）：画直线到指定的坐标位置。

H = horizontal lineto（H X）：画水平线到指定的 X 坐标位置。

V = vertical lineto（V Y）：画垂直线到指定的 Y 坐标位置。

C = curveto（C X1,Y1,X2,Y2,ENDX,ENDY）：三次贝赛曲线。

S = smooth curveto（S X2,Y2,ENDX,ENDY）：光滑三次贝塞尔。

Q = quadratic Belzier curve（Q X,Y,ENDX,ENDY）：二次贝赛曲线。

T = smooth quadratic Belzier curveto（T ENDX,ENDY）：映射。

A = elliptical Arc（A RX,RY,XROTATION,FLAG1,FLAG2,X,Y）：弧线。

Z = closepath()：关闭路径。

2. 使用原则

- 坐标轴以（0,0）为中心，X 轴水平向右，Y 轴水平向下。
- 所有指令大小写均可。大写绝对定位，参照全局坐标系；小写相对定位，参照父容器坐标系。
- 指令和数据间的空格可以省略。
- 若同一指令出现多次，可以只用一个。

注意：使用“M”指令时，只是移动了画笔，没有画任何东西。

以下是一个矢量图的 xml 文件示例：

```
<vector xmlns:android="http://schemas.android.com/apk/res/android"
    android:autoMirrored="true"
    android:height="24dp"
    android:viewportHeight="24.0"
    android:viewportWidth="24.0"
    android:width="24dp">
    <path
        android:fillColor="#FF000000"
        android:pathData=
"M11,9h2L13,6h3L16,4h-3L13,1h-2v3L8,4v2h3v3zM7,18c-1.1,0 -1.99,0.9 -1.99,2S5.9,22 7,22s2,
-0.9 2,-2 -0.9,-2 -2,-2zM17,18c-1.1,0 -1.99,0.9 -1.99,2s0.89,2 1.99,2 2,-0.9 2,-2 -0.9,-2
-2,-2zM7.17,14.75l0.03,-0.12 0.9,-1.63h7.45c0.75,0 1.41,-0.41 1.75,-1.03l3.86,-7.01L19.42,4h
-0.01l-1.1,2 -2.76,5L8.53,11l-0.13,-0.27L6.16,6l-0.95,-2 -0.94,-2L1,2v2h2l3.6,7.59 -1.35,2.45c
-0.16,0.28 -0.25,0.61 -0.25,0.96 0,1.1 0.9,2 2,2h12v-2L7.42,15c-0.13,0 -0.25,-0.11 -0.25,
-0.25z"/>
</vector>
```

显示结果如图 20–5 所示。

图20–5

其中：

```
android:width \ android:height:定义图片的宽高
android:viewportHeight \ android:viewportWidth:定义图像被划分的比例大小
```

例子中的 24.0，即把 24dp 大小的图像划分成 24 份，后面 Path 标签中的坐标就全部使用的是这里划分后的坐标系统。这样做有一个非常好的作用，就是将图像大小与图像分离，后面可以随意修改图像大小，而不需要修改 PathData 中的坐标。

20.4 Vector静态图的使用

在用 Android Studio 的 Vector Assert 工具生成 xml 文件的时候，默认生成路径当前是当前工程的图片资源文件路径 res/drawable，如图 20-6 所示。

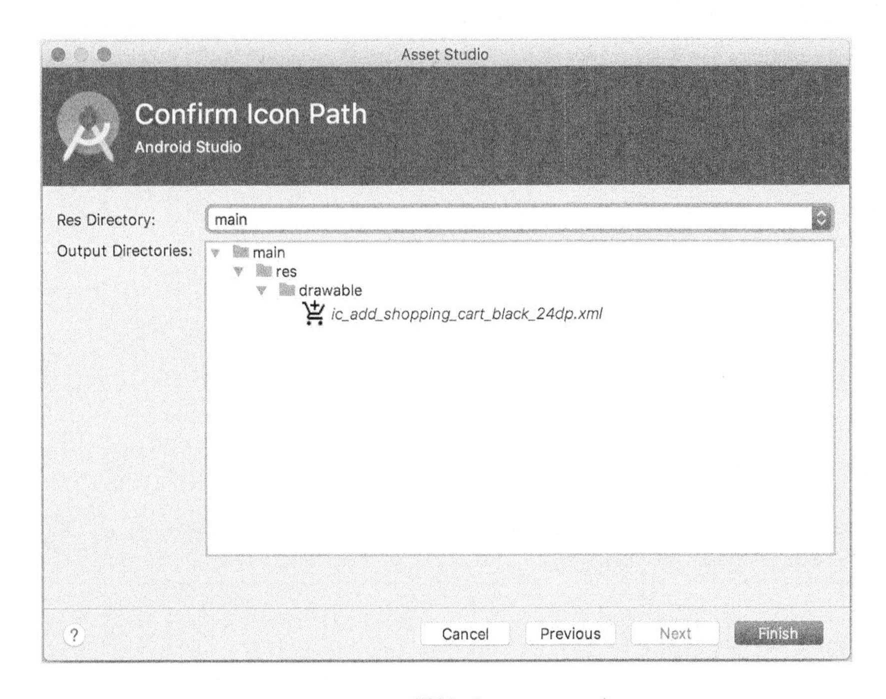

图20-6

1. ImageView中使用矢量图

示例代码如下所示：

```
<ImageView
    android:id="@+id/image_view"
    android:layout_width="wrap_content"
```

```
    android:layout_height="wrap_content"
    app:srcCompat="@drawable/ic_add_shopping_cart_black_24dp"/>
```

在代码中进行设置，如下所示：

```
ImageView iv = (ImageView) findViewById(R.id.image_view);
iv.setImageResource(R.drawable.ic_add_shopping_cart_black_24dp);
```

2. TextView和Button中使用矢量图

TextView 和 Button 并不能直接用 app:srcCompat 来使用矢量图，需要通过 Selector 来进行使用，代码如下所示：

```
ic_add_shopping_cart_black.xml
<?xml version="1.0" encoding="utf-8"?>
<selector xmlns:android="http://schemas.android.com/apk/res/android">
    <item android:drawable="@drawable/ic_add_shopping_cart_black_24dp"/>
</selector>

<TextView
    android:layout_width="wrap_content"
    android:layout_height="wrap_content"
    android:drawableLeft="@drawable/ic_add_shopping_cart_black"
    android:text="Hello World!"
    android:id="@+id/textView" />

<Button
    android:layout_width="wrap_content"
    android:layout_height="wrap_content"
    android:text="New Button"
    android:background="@drawable/ic_add_shopping_cart_black"
    android:id="@+id/button"/>
```

还需在 Activity 中添加如下代码：

```
public class MainActivity extends AppCompatActivity {

    static {
        AppCompatDelegate.setCompatVectorFromResourcesEnabled(true);
    }
    …
}
```

20.5 Vector动态图的使用

20.5.1 功能实现

动画功能是利用 AnimatedVectorDrawable 类实现的，需要创建 3 类 XML 文件：

1. 在 res/drawable 文件夹中创建定义具有动画属性的 VectorDrawable 对象的 XML 文件，文件名为 vector_drawable.xml，内容如下所示：

```
<vector xmlns:android="http://schemas.android.com/apk/res/android"
    android:height="64dp"
    android:width="64dp"
    android:viewportHeight="600"
    android:viewportWidth="600" >
    <group
        android:name="rotationGroup"
        android:pivotX="300.0"
        android:pivotY="300.0"
        android:rotation="90.0" >
        <path
            android:name="pathMorph"
            android:fillColor="#000000"
            android:pathData="M300,70 l 0,-70 70,70 0,0 -70,70z" />
    </group>
</vector>
```

2. 在 res/animator 文件夹中创建动画 XML 文件，在此使用了两种动画效果，需要创建两个动画文件，rotation.xml 的内容如下所示：

```
<objectAnimator xmlns:android="http://schemas.android.com/apk/res/android"
    android:duration="6000"
    android:propertyName="rotation"
    android:valueFrom="0"
    android:valueTo="360" />
```

path_morph.xml 的内容如下所示：

```
<set xmlns:android="http://schemas.android.com/apk/res/android">
<objectAnimator
    android:duration="3000"
    android:propertyName="pathData"
    android:valueFrom="M300,70 l 0,-70 70,70 0,0 -70,70z"
    android:valueTo="M300,70 l 0,-70 70,0  0,140 -70,0 z"
```

```
    android:valueType="pathType"/>
</set>
```

3. 在 res/drawable 文件夹中创建定义 AnimatedVectorDrawable 对象的 XML 文件，文件名为 vector_animated.xml，内容如下所示：

```
<animated-vector xmlns:android="http://schemas.android.com/apk/res/android"
    android:drawable="@drawable/vector_drawable" >
    <target
        android:name="rotationGroup"
        android:animation="@animator/rotation" />
    <target
        android:name="pathMorph"
        android:animation="@animator/path_morph" />
</animated-vector>
```

android:drawable 的值就是之前创建的定义 VectorDrawable 对象的 XML 文件对象。

target 中的 android:name 值就是之前创建的定义 VectorDrawable 对象的 XML 文件 vector_drawable.xml 中的 group 与 path 的 android:name 的值。

android:animation 的值就是之前创建的动画 XML 文件对象。

在 Layout 文件中添加一个图像控件显示动画，具体代码如下：

```
<ImageView
    android:id="@+id/image_anim_view"
    android:layout_width="wrap_content"
    android:layout_height="wrap_content"
    app:srcCompat="@drawable/vector_animated"
    android:layout_below="@+id/textView"
    android:layout_alignRight="@+id/textView"
    android:layout_alignEnd="@+id/textView"
    android:layout_marginTop="24dp" />
```

具体播放动画的功能代码如下：

```
ImageView imageView = (ImageView) findViewById(R.id.image_anim_view);
Drawable drawable = imageView.getDrawable();
((AnimatedVectorDrawable) drawable).start();
```

20.5.2 动态Vector兼容性问题

在 buildgradle 文件中使用以下任一方式，即可在 Android 5.0 版本之前的系统上使用动态 Vector 功能。

```
android {
    // vectorDrawables .generatedDensities = [] 或
    //vectorDrawables.useSupportLibrary = true
   }
```

第21章　Android异常

21.1 异常分类

在Java 语言中，Throwable 为异常的基类，Error 和 Exception 派生于 Throwable，RuntimeException 和 IOException 派生于 Exception。

Error 类描述了运行系统中的内部错误以及资源耗尽的情形，应用程序不应该抛出这种类型的对象（一般是由 Java 虚拟机抛出）。如果出现这种错误，除了尽力使程序安全退出外，在其他方面是无能为力的。

RuntimeExcption 类描述了错误的类型转换、数组越界访问和试图访问空指针等情形。

Error 和 RuntimeException 及其子类属于 unchecked exception 类型，而其他异常为 checked exception 类型。

1. checked exception

这种是在方法的声明中声明的异常，特点如下所述。

- 指的是程序不能直接控制的无效外界情况（如用户输入、数据库问题、网络异常和文件丢失等）。
- 除了 Error 和 RuntimeException 及其子类之外，还有 ClassNotFoundException、Naming Exception、ServletException、SQLException 和 IOException 等。
- 需要在代码中添加 try… catch…处理或 throws 声明抛出异常。

2. unchecked exception

在方法的声明中没有声明，但在方法的运行过程中发生的各种异常被称为“不被检查的异常”。这种异常是错误，会被自动捕获，具体特点如下所述。

- 指的是程序的瑕疵或逻辑错误，并且在运行时无法恢复。
- 包括 Error 与 RuntimeException 及其子类，如 OutOfMemoryError、UndeclaredThrowable Exception、IllegalArgumentException、IllegalMonitorStateException、NullPointerException、IllegalStateException 和 IndexOutOfBoundsException 等。
- 语法上不需要声明抛出异常。

21.2 异常处理

为了提供良好的用户体验，并对出错的信息进行收集，以便对程序进行改进、提高程序的健壮性，对于不同的异常可以采用不同的处理方式。

21.2.1 使用try…catch…处理异常

在开发过程中，可以预判有些地方难免会出现异常，如服务器端可能会出错，传递给 APP 端的数据类型不对或数据为空，导致 APP 端解析从服务器获取的数据时出现异常；还有就是在申请内存的时候，由于内存不足等原因出现异常。

对于上述这些情况，就可通过 try…catch…机制处理，代码如下：

```
try {
      T model =gson.fromJson(jsonString, type);
} catch (Exception e) {
     Snackbar.make(mView, "数据解析出错", Snackbar.LENGTH_LONG).show();

     return;
}

try {
      long[] mArray = new long[1024x1024];
} catch (Exception e) {
     Snackbar.make(mView, "内存不足", Snackbar.LENGTH_LONG).show();

     return;
}
```

21.2.2 使用UncaughtExceptionHandler处理异常

在使用 APP 的过程中，任何时候都可能遇到异常，能够预判到的异常只是极少数，对于不能预判到的异常，可以统一利用 UncaughtExceptionHandler 接口类处理。

如果子线程中出现异常，在主线程代码中使用 try…catch…是无法捕获到异常的，必须使用 UncaughtExceptionHandler 来进行处理。

在实现 UncaughtExceptionHandler 接口类的函数时，必须重载 uncaughtException（Thread thread, Throwable ex）方法。

如下代码利用 UncaughtExceptionHandler 接口类处理异常，并保存异常日志到本机。

```
public class rwUncaughtExceptionHandler implements
Thread.UncaughtExceptionHandler {
    private Thread.UncaughtExceptionHandler mDefaultHandler;
    public static final String TAG = "rwUncaught";

    private static rwUncaughtExceptionHandler INSTANCE = new
```

```
rwUncaughtExceptionHandler();

    private Context mContext;

    // 用来存储设备信息和异常信息
    private Map<String, String> info = new HashMap<String, String>();
    private SimpleDateFormat format = new
    SimpleDateFormat("yyyy-MM-dd-HH-mm-ss");
    private rwUncaughtExceptionHandler() {
    }

    // 获取rwUncaughtExceptionHandler实例
    public static rwUncaughtExceptionHandler getInstance() {
        return INSTANCE;
    }

    public void init(Context context){
        mContext = context;

        //获取系统默认的UncaughtException处理句柄
        mDefaultHandler = Thread.getDefaultUncaughtExceptionHandler();

        //设置该rwUncaughtExceptionHandler为APP的默认处理句柄
        Thread.setDefaultUncaughtExceptionHandler(this);
    }

    @Override
    public void uncaughtException(Thread thread, Throwable ex) {
        if (!handleException(ex) && mDefaultHandler != null) {
            //如果用户没有处理则调用系统默认的异常处理句柄来处理
            mDefaultHandler.uncaughtException(thread, ex);
        } else {
            try {
                Thread.sleep(2000);
            } catch (InterruptedException e) {
                Log.e(TAG, "error : ", e);
            }
            Intent intent = new Intent(mContext.getApplicationContext(),
            ViewPagerDemo.class);
            PendingIntent restartIntent = PendingIntent.getActivity (mContext.
            getApplicationContext(), 0,
                    intent.addFlags(Intent.FLAG_ACTIVITY_NEW_TASK),
                    0);
            AlarmManager mgr = (AlarmManager) mContext.getSystemService (Context.
            ALARM_SERVICE);
```

```
            mgr.set(AlarmManager.RTC, System.currentTimeMillis() + 1000,
                    // 1秒后重启应用
                    restartIntent);

            //关闭所有的Activity
            exceptionHandlerApplication.finishActivity();
        }
    }

    /**
     * 自定义异常处理、收集异常信息和保存数据到本机
     *
     * @param ex
     * @return true:如果处理了该异常信息返回true;否则返回false.
     */
    private boolean handleException(Throwable ex) {
        if (ex == null) {
            return false;
        }
        //使用Toast来显示异常信息
        new Thread() {
            @Override
            public void run() {
                Looper.prepare();
                Toast.makeText(mContext, "很抱歉,程序出现异常,即将退出并重启。",
                        Toast.LENGTH_SHORT).show();
                Looper.loop();
            }
        }.start();

        // 收集设备参数信息
        collectDeviceInfo(mContext);
        // 保存日志文件
        saveCrashInfo(ex);

        return true;
    }

    /**
     * 收集APP版本信息和设备参数信息
     *
     * @param context
     */
    public void collectDeviceInfo(Context context) {
        try {
```

```
            PackageManager pm = context.getPackageManager();
            PackageInfo pi = pm.getPackageInfo(context.getPackageName(),
                    PackageManager.GET_ACTIVITIES);
            if (pi != null) {
                String versionName = pi.versionName == null ? "null"
                        : pi.versionName;
                String versionCode = pi.versionCode + "";
                info.put("versionName", versionName);
                info.put("versionCode", versionCode);

                info.put("手机型号:", android.os.Build.MODEL);
                info.put("系统版本", ""+android.os.Build.VERSION.SDK);
                info.put("Android版本", android.os.Build.VERSION.RELEASE);
            }
        } catch (PackageManager.NameNotFoundException e) {
            e.printStackTrace();
        }

        Field[] fields = Build.class.getDeclaredFields();
        for (Field field : fields) {
            try {
                field.setAccessible(true);
                info.put(field.getName(), field.get("").toString());
                Log.d(TAG, field.getName() + ":" + field.get(""));
            } catch (IllegalArgumentException e) {
                e.printStackTrace();
            } catch (IllegalAccessException e) {
                e.printStackTrace();
            }
        }
    }

    private String saveCrashInfo(Throwable ex) {
        StringBuffer sb = new StringBuffer();
        for (Map.Entry<String, String> entry : info.entrySet()) {
            String key = entry.getKey();
            String value = entry.getValue();
            sb.append(key + "=" + value + "\r\n");
        }
        Writer writer = new StringWriter();
        PrintWriter pw = new PrintWriter(writer);
        ex.printStackTrace(pw);
        Throwable cause = ex.getCause();
        while (cause != null) {
            cause.printStackTrace(pw);
            cause = cause.getCause();
```

```
        }
        pw.close();
        String result = writer.toString();
        sb.append(result);
        //把数据保存到文件里
        long timetamp = System.currentTimeMillis();
        String time = format.format(new Date());

        String fileName = "crash_" + time + "_"+ ".log";
        if (Environment.getExternalStorageState().equals(
                Environment.MEDIA_MOUNTED)) {
            try {
                File dir = new
                File(Environment.getExternalStorageDirectory(). getAbsolutePath() +
                File.separator + "crash");
                Log.i("CrashHandler", dir.toString());
                if (!dir.exists())
                    dir.mkdir();
                FileOutputStream fos = new FileOutputStream(new File(dir,
                        fileName));
                fos.write(sb.toString().getBytes());
                fos.close();
                return fileName;
            } catch (FileNotFoundException e) {
                e.printStackTrace();
            } catch (IOException e) {
                e.printStackTrace();
            }
        }
        return null;
    }
}
```

实现 Application 的子类，初始化异常处理类，代码如下：

```
public class exceptionHandlerApplication extends Application {
    private static ArrayList<Activity> list = new ArrayList<Activity>();

    @Override
    public void onCreate() {
        super.onCreate();
        rwUncaughtExceptionHandler.getInstance().init(this);
    }

    /**
```

```
     * Activity关闭时，删除Activity列表中的Activity对象*/
    public void removeActivity(Activity a){
        list.remove(a);
    }

    /**
     * 向Activity列表中添加Activity对象*/
    public static void addActivity(Activity a){
        list.add(a);
    }

    /**
     * 关闭Activity列表中的所有Activity*/
    public static void finishActivity(){
        for (Activity activity : list) {
            if (null != activity) {
                activity.finish();
            }
        }
        //杀死该应用进程
        android.os.Process.killProcess(android.os.Process.myPid());
    }

}
```

在创建每个 Activity 时，都需要把当前 Activity 加入到列表中，以便后续退出应用时关闭，代码如下：

```
@Override
protected void onCreate(Bundle savedInstanceState) {
   super.onCreate(savedInstanceState);
   setContentView(R.layout.activity_main);
   initView();

   exceptionHandlerApplication.addActivity(this);
}
```

还需在 AndroidManifest.xml 中增加自定义 Application 类的声明，代码如下：

```
<application
    android:name=".exceptionHandlerApplication"
    android:icon="@drawable/ic_launcher"
    android:label="@string/app_name"
    android:theme="@style/AppTheme" >
    <activity
```

```
        android:name=".MainActvity"
        android:label="@string/title_activity_view_pager_demo" >
        <intent-filter>
            <action android:name="android.intent.action.MAIN" />

            <category android:name="android.intent.category.LAUNCHER" />
        </intent-filter>
    </activity>
  </application>
```

21.2.3　ANR异常的处理

ANR（Application Not Responding）即“应用程序无响应”。在 Android 系统中，如果 APP 没有在某个限定的时间内完成某个事件或消息的处理，系统会显示一个对话框，提示用户 APP 没有响应，用户可以选择继续等待或者关闭这个应用程序，如图 21-1 所示。

图21-1

在 ActivityManager Service.java 中，定义了如下 ANR 的超时时间：

```
        // How long we allow a receiver to run before giving up on it.
        static final int BROADCAST_FG_TIMEOUT = 10*1000;
        static final int BROADCAST_BG_TIMEOUT = 60*1000;

        // How long we wait until we timeout on key dispatching.
        static final int KEY_DISPATCHING_TIMEOUT = 5*1000;
```

BROADCAST_FG_TIMEOUT 和 BROADCAST_BG_TIMEOUT 分别对应前台广播和后台广播。

在 ActiveServices.java 中，定义了如下 ANR 的超时时间：

```
        // How long we wait for a service to finish executing.
        static final int SERVICE_TIMEOUT = 20*1000;

        // How long we wait for a service to finish executing.
        static final int SERVICE_BACKGROUND_TIMEOUT =
        SERVICE_TIMEOUT * 10
```

SERVICE_TIMEOUT 和 SERVICE_BACKGROUND_TIMEOUT 分别对应前台 Service 和后台 Service。

目前遇到得比较多的情况是对按键或触屏操作的处理没有在 5 秒内完成，此种情况通常发生在 APP 的主线程，可以使用简单记录数值的方法，判断主线程的运行状况。具体实现方式如下所示。

创建一个 Service 类，在此 Service 运行的时候检测主线程的运行状况，代码如下：

```
    public class ANRService extends Service {

        private String TAG = "ANRService ";

        private int workThreadTick = 0;
        private int mainThreadTick = 0;

        private boolean flag = true;

        //主线程ANR超时时间
        private int mainThreadTimeOut = 5000;

        private Handler mHandler = new Handler();

        @Override
        public IBinder onBind(Intent intent) {

            return null;
        }

        @Override
        public void onCreate() {
            super.onCreate();

            exception();
        }
```

```
private void exception(){

    new Thread(new Runnable() {
        @Override
        public void run() {
            while(flag){
                workThreadTick = mainThreadTick;

                //向主线程发送消息 计数器值加1
                mHandler.post(tickerRunnable);

                try {
                    Thread.sleep(mainThreadTimeOut);
                } catch (InterruptedException e) {
                    e.printStackTrace();
                }

                //子线程在等待5秒后，判断子线程和主线程的变量值是否相等；如果相等，意味着主
                //线程在5秒内没有处理完子线程发的消息，发生了ANR异常
                if(workThreadTick == mainThreadTick){
                    flag = false;

                    //获取并打印主线程的堆栈信息
                    Thread mainThread = Looper.getMainLooper().getThread();
                    StackTraceElement[] stackElements = mainThread.getStackTrace();

                    String stackString = "ANR Exception\n";

                    if (stackElements != null) {
                        for (int i = 0; i < stackElements.length; i++) {
                            stackString = stackString + stackElements[i]. getClassName()
                                    + "."
                                    + stackElements[i].getMethodName() + " ("
                                    + stackElements[i].getFileName() + ":"
                                    + stackElements[i].getLineNumber() + ")" + "\n";
                        }

                        Log.e(TAG, stackString);
                    }
                }
            }
        }
    }).start();
}
```

```
    private final Runnable tickerRunnable = new Runnable() {
        @Override public void run() {
            mainThreadTick = (mainThreadTick + 1) % 10;
        }
    };
}
```

在 AndroidManifest.xml 文件中，增加 ANRService 类的声明，代码如下：

```
<service android:name="com.ruwant.eam.service.ANRService"></service>
```

在创建 MainActivity 时启动 ANRService，代码如下：

```
@Override
protected void onCreate(Bundle savedInstanceState) {
    super.onCreate(savedInstanceState);

    setContentView(R.layout.activity_main);

    serviceIntent = new Intent(MainActivity.this, ANRService.class);
    startService(serviceIntent);

}
```

设置点击按钮时，主线程休眠 6 秒，通过这种方式验证 ANRService 是否能正常工作，检测到 ANR 的发生。代码如下：

```
scanButton = (Button) findViewById(R.id.scan_button);
scanButton.setOnClickListener(new Button.OnClickListener(){
    public void onClick(View v){
        scanData();
    }
});

private void scanData(){
    Log.e(TAG,"scanData");
    try {
        Thread.sleep(6*1000);
    }
    catch (InterruptedException e) {
        e.printStackTrace();
    }
}
```

运行 APP，然后点击按钮，打印如下 Log。

```
01-21 15:23:56.543 12233-12233/com.ruwant.eam E/MainActivity: scanData
01-21 15:24:01.577 12233-12291/com.ruwant.eam E/ANRService: ANR Exception
                                            java.lang.Thread.sleep(Thread.java:-2)
                                            java.lang.Thread.sleep(Thread.java:1046)
                                            java.lang.Thread.sleep(Thread.java:1000)
                                            com.ruwant.eam.activity.MainActivity.scanData(MainActivity.java:199)
                                            com.ruwant.eam.activity.MainActivity.access$400(MainActivity.java:39)
                                            com.ruwant.eam.activity.MainActivity$5.onClick (MainActivity.java:154)
                                            android.view.View.performClick(View.java:5264)
                                            android.view.View.View$PerformClick.run(View.java:21297)
                                            android.os.Handler.handleCallback (Handler.java:743)
                                            android.os.Handler.dispatchMessage (Handler.java:95)
                                            android.os.Looper.loop(Looper.java:150)
                                            android.app.ActivityThread.main(ActivityThread.java:5546)
                                            java.lang.reflect.Method.invoke(Method.java:-2)
                                            com.android.internal.os.ZygoteInit$MethodAndArgsCaller.run(ZygoteInit.java:794)
                                            com.android.internal.os.ZygoteInit.main(ZygoteInit.java:684)
```

从 Log 中可以看出，点击按钮 5 秒后，ANRService 检测到了 ANR 异常，并打印出了发生异常时的堆栈信息，其中记录了发生异常的类名、方法名和代码行数。这样，就实现了对 ANR 异常的检测和记录异常信息，方便分析和解决问题。

21.3　注意事项

在开发过程中，对于可能出现异常的地方尽量用 try…catch…捕获异常，这样可以针对不同的异常给用户显示不同的提示信息，并对程序做不同的处理，用户体验性也比较好。

在处理异常的时候，尽量少重启 APP，以便给用户良好的用户体验。也可以使用友盟和 OneAPM 之类的 SDK，其中有捕获程序崩溃日志，并将其发送到服务器的功能。

第22章 Android的本地存储

Android 系统为开发人员提供了多种选项来保存永久性应用数据，具体有以下 4 种。

- 共享首选项（SharedPreferences）——在键值对中存储私有原始数据。
- 内部存储：在设备内存中存储私有数据。
- 外部存储：在共享的外部存储中存储公共数据。
- SQLite 数据库：在私有数据库中存储结构化数据。

使用最多的是内部存储和外部存储这两项，下面将对这两项做详细说明。

22.1　内部存储（Internal Storage）

内部存储可以直接在设备的内部存储中保存文件。默认情况下，保存到内部存储的文件是应用的私有文件，其他应用不能访问这些文件。当用户卸载应用时，这些文件也会被移除。

22.1.1　非缓存文件的处理

创建非缓存文件并写入内容的代码如下：

```
String fileName = "private.txt";
String content = "private";

try {
    FileOutputStream fos = openFileOutput(fileName, Context.MODE_PRIVATE);
    fos.write(content.getBytes());
    fos.close();
} catch (Exception e)
{
    Toast.makeText(MainActivity.this, "创建文件失败", Toast.LENGTH_LONG);
}
```

创建的文件保存在 /data/data/package_name/files 路径下。

使用 MODE_PRIVATE 模式将会创建文件（或替换具有相同名称的文件），并将其设为应用的私有文件。另一个模式是 MODE_APPEND，如果文件已经存在，则写数据到现有文件的末尾而不是替换原有的文件。也可以用如下代码创建非缓存文件：

```
File file = new File (get FilesDir(), fileName);
```

22.1.2　缓存文件的处理

如果想要缓存一些数据，而不是永久存储这些数据，应该调用 getCacheDir() 方法。

创建文件并写入内容的代码如下：

```
String fileName = "cache.txt";
String content = "cache";

File file = new File(getCacheDir(), fileName);
Log.v("file", "file=" + file.getAbsolutePath());

try {
    FileOutputStream fos = new FileOutputStream(file);
    fos.write(content.getBytes());
    fos.close();
} catch (Exception e){
    Toast.makeText(MainActivity.this, "创建文件失败", Toast.LENGTH_LONG);
}
```

创建的文件保存在 /data/data/package_name/cache 路径下。

当设备的内部存储空间不足时，Android 系统可能会删除这些缓存文件以回收空间。但开发人员不应该依赖系统来清理这些文件，而应该始终自行维护缓存文件，使其占用的空间保持在合理的限制范围内（例如 1 MB）。

当用户卸载应用时，这些文件也会被移除。图 22-1 所示为之前创建的文件所在的存储位置。

Name	Permiss...	Date	Size
com.example.file	drwxr-x--	2017-12-12	
cache	drwxrwx-	2017-12-12	
cache.txt	-rw------	2017-12-12	5 B
files	drwxrwx-	2017-12-12	
private.txt	-rw-rw---	2017-12-12	7 B
lib	lrwxrwxrv	2017-12-12	

图22-1

对内部存储操作常用到的其他几个方法。

- getFilesDir()：获取内部文件的文件系统目录的绝对路径。
- getDir()：在内部存储空间内创建（或打开现有的）目录。
- deleteFile()：删除保存在内部存储的文件。
- fileList()：返回应用当前保存的一系列文件。

22.2　外部存储（External Storage）

每个兼容 Android 系统的设备都支持可用于保存文件的共享“外部存储”。该存储可能是可移除的存储介质（例如 SD 卡）或内部（不可移除）存储。保存到外部存储的文件是全局可读取文件，而且在计算机上启用 USB 大容量存储以传输文件后，可由用户修改这些文件。

注意：如果用户在计算机上装载了外部存储或移除了介质，则外部存储可能变为不可用状态，并且保存到外部存储的文件没有实行任何安全性措施，所有 APP 都能读取和写入放置在外部存储上的文件，用户还可以移除这些文件。

要读取或写入外部存储上的文件，APP 必须获取 READ_EXTERNAL_STORAGE 或 WRITE_EXTERNAL_STORAGE 系统权限。在 APP 的 AndroidManifest.xml 文件中添加如下所示代码：

```
<manifest ...>
    <uses-permission android:name="android.permission.WRITE_EXTERNAL_STORAGE" />
    ...
</manifest>
```

如果同时需要读取和写入文件，则只需请求 WRITE_EXTERNAL_STORAGE 权限，因为此权限也隐含了读取权限。

注意：从 Android 4.4 开始，如果仅读取或写入 APP 的私有文件，则不需要这些权限。

在使用外部存储执行工作之前，应始终调用 getExternalStorageState() 以检查外部存储是否可用。以下是用于检查可用性的示例代码。

```
//核查外部存储是否可读写
public boolean is ExternalStorageWR {
    String state = Environment.getExternalStorageState();
    if (Environment.MEDIA_MOUNTED.equals(state)) {
        return true;
    }
    return false;
}
```

22.2.1 外部公共存储

如果 APP 创建的文件不需要隐藏，即对用户是可见的且其他 APP 也能够访问这些文件，那么可以把文件放在外部的公共目录中，例如 Music/、Pictures/ 和 Ringtones/ 等。

以下代码在公共下载目录中创建了文件并写入内容。

```
if (isExternalStorageWR()){
File file = new File(Environment.getExternalStoragePublicDirectory
        Environment.DIRECTORY_DOWNLOADS),fileName);
Log.v("file", "file=" + file.getAbsolutePath());
```

```
        try {
            FileOutputStream fos = new FileOutputStream(file);
            fos.write(content.getBytes());
            fos.close();
        } catch (Exception e) {
            Toast.makeText(MainActivity.this, "创建文件失败", Toast.LENGTH_LONG);
        }
    }
```

创建的文件保存在 /storage/sdcard/Download 路径下。

Environment. DIRECTORY_DOWNLOADS 表示使用的是公共下载目录，还可以使用 DIRECTORY_MUSIC、DIRECTORY_PICTURES、DIRECTORY_RINGTONES 或其他类型。

通过将文件保存到相应的媒体类型目录，系统的媒体扫描程序可以在系统中正确地归类这些文件（例如铃声在系统设置中显示为铃声而不是音乐）。

下面展示了这些参数对应的文件夹，如图 22-2 所示。

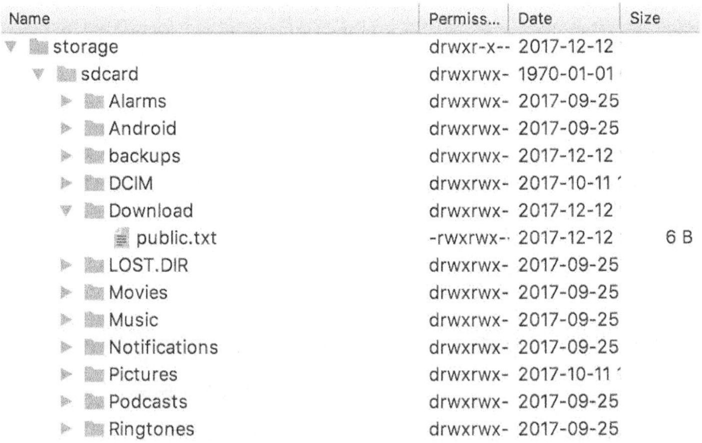

Name	Permiss...	Date	Size
▼ storage	drwxr-x--	2017-12-12	
▼ sdcard	drwxrwx-	1970-01-01	
▶ Alarms	drwxrwx-	2017-09-25	
▶ Android	drwxrwx-	2017-09-25	
▶ backups	drwxrwx-	2017-12-12	
▶ DCIM	drwxrwx-	2017-10-11	
▼ Download	drwxrwx-	2017-12-12	
public.txt	-rwxrwx-·	2017-12-12	6 B
▶ LOST.DIR	drwxrwx-	2017-09-25	
▶ Movies	drwxrwx-	2017-09-25	
▶ Music	drwxrwx-	2017-09-25	
▶ Notifications	drwxrwx-	2017-09-25	
▶ Pictures	drwxrwx-	2017-10-11	
▶ Podcasts	drwxrwx-	2017-09-25	
▶ Ringtones	drwxrwx-	2017-09-25	

图22-2

22.2.2 外部私有存储

1. 非缓存文件的处理

如果创建的文件不适合其他 APP 使用，则通过调用 getExternalFilesDir() 来使用外部存储上的私有存储目录。此方法同样需要使用参数指定子目录的类型（例如 DIRECTORY_MOVIES）。如果不需要特定的媒体目录，则参数值设为 null 以保存在应用私有目录的根目录。

创建文件并写入内容的代码如下所示：

```
String fileName = "private.txt";
String content = "private";

if (isExternalStorageWR()){
    File file = new File(getExternalFilesDir(Environment.DIRECTORY_DOCUMENTS),fileName);
    Log.v("file", "file=" + file.getAbsolutePath());
    try {
        File OutputStream fos = new FileOutputStream(file);
        fos.write(content.getBytes());
        fos.close();
    } catch (Exception e) {
        Toast.makeText(MainActivity.this, "创建文件失败", Toast.LENGTH_LONG);
  }
}
```

创建的文件保存在 /storage/sdcard/Android/data/package_name/files/Documents 路径下。

注意：当用户卸载 APP 时，此目录及其内容将被删除。此外，系统媒体扫描程序不会读取这些目录中的文件，因此不能从 MediaStore 内容提供程序访问这些文件。所以不应将属于用户的媒体文件保存在这些目录下，例如用户拍摄或编辑的照片或用户使用购买的音乐等 ——这些文件应保存在公共目录中。

尽管 MediaStore 内容提供程序不能访问 getExternalFilesDir() 和 getExternalFilesDirs() 所提供的目录，但其他具有 READ_EXTERNAL_STORAGE 权限的应用仍可访问外部存储上的所有文件，包括上述文件。如果需要完全限制对文件的访问权限，则应该将文件写入到内部存储。

getExternalFilesDir() 和 getFilesDir() 指向的存储区域的区别如下所述。

- getExternalFilesDir() 指向的区域可能不是一直可用的，需要调用 getExternalStorageState() 核查状态。
- 存储在 getExternalFilesDir() 指向的区域中的文件，没有强制执行安全措施。如具有 WRITE_EXTERNAL_STORAGE 权限的应用就可以对这些文件进行写操作。

2. 缓存文件的处理

如要保存缓存文件在外部私用存储，需要调用 getExternalCacheDir() 方法。

创建文件并写入内容的代码如下所示：

```
String fileName = "cache.txt";
String content = "cache";

if (isExternalStorageWR()){
    File file = new File(getExternalCacheDir().getAbsolutePath(), fileName);
```

```
        Log.v("file", "file=" + file.getAbsolutePath());

        try {
            FileOutputStream fos = new FileOutputStream(file);
            fos.write(content.getBytes());
            fos.close();
        } catch (Exception e) {
            Toast.makeText(MainActivity.this, "创建文件失败", Toast.LENGTH_LONG);
        }
    }
```

创建的文件保存在 /storage/sdcard/Android/data/package_name/cache 路径下。

如果用户卸载 APP，这些文件也会被自动删除。

提示：为节省文件空间并保持应用性能，开发人员应该在 APP 的整个生命周期内仔细管理缓存文件并移除其中不再需要的文件，这一点非常重要。

如图 22-3 所示，显示了之前创建的文件所在的存储位置。

Name	Permiss...	Date	Size
▼ sdcard	drwxrwx-	1970-01-01	
▶ Alarms	drwxrwx-	2017-09-25	
▼ Android	drwxrwx-	2017-09-25	
▼ data	drwxrwx-	2017-12-12	
▶ com.android.browser	drwxrwx-	2017-09-25	
▶ com.estrongs.android.pop	drwxrwx-	2017-12-12	
▼ com.example.file	drwxrwx-	2017-12-12	
▼ cache	drwxrwx-	2017-12-12	
cache.txt	-rwxrwx-	2017-12-12	5 B
▼ files	drwxrwx-	2017-12-12	
▼ Documents	drwxrwx-	2017-12-12	
private.txt	-rwxrwx-	2017-12-12	7 B

图22-3

getExternalCacheDir() 和 getCacheDir() 指向的存储区域的区别如下所述。

- 系统不会一直监控 getExternalCacheDir() 指向的存储区域，不会自动删除里面的文件。APP 要自己管理存储空间。
- getExternalCacheDir() 指向的区域可能不是一直可用的，需要调用 getExternalStorageState() 核查状态。
- 存储在 getExternalCacheDir() 指向的区域中的文件，没有强制执行安全措施。如具有 WRITE_EXTERNAL_STORAGE 权限的应用就可以对这些文件进行写操作。

22.2.3　使用作用域目录访问

在 Android 7.0 及更高版本系统中，如果需要访问外部存储上的特定目录，Google 推荐用作用域目录访问。

作用域目录访问可简化应用访问标准外部存储目录（例如 Pictures 目录）的方式，并提供简单的权限 UI，清楚详细地介绍应用正在请求访问的目录。

使用 StorageManager 类获取适当的 StorageVolume 实例。然后，通过调用该实例的 StorageVolume.createAccessIntent() 方法创建一个 intent。使用此 intent 访问外部存储目录。

如要访问 Pictures 目录，代码如下：

```
StorageManager sm = (StorageManager)getSystemService(Context.STORAGE_SERVICE);
StorageVolume volume = sm.getPrimaryStorageVolume();
Intent intent = volume.createAccessIntent(Environment.DIRECTORY_PICTURES);
startActivityForResult(intent, request_code);
```

系统尝试授予对外部目录的访问权限，并使用一个简化的 UI 向用户确认访问权限，如图 22-4 所示。

图22-4

如果用户授予访问权限，系统会调用 onActivityResult() 方法（结果代码为 RESULT_OK），以及传递包含 URI 的 intent 数据；如果用户不授予访问权限，系统将调用 onActivityResult() 方法（结果代码为 RESULT_CANCELED），以及传递空的 intent 数据。

获得特定外部目录访问权限的同时也会获得该目录中子目录的访问权限。

第23章　ABI管理

23.1 ABI简介

Android 系统支持不同的 Android 设备使用不同的 CPU，CPU 与指令集的每种组合都有其自己的应用二进制界面（或 ABI）。ABI 可以非常精确地定义应用的机器代码在运行时如何与系统交互。开发者必须为应用要使用的每个 CPU 架构指定 ABI。

典型的 ABI 包含以下信息。

- 机器代码应使用的 CPU 指令集。
- 运行时内存存储和加载的字节顺序。
- 可执行二进制文件（例如程序和共享库）的格式，以及它们支持的内容类型。
- 用于解析内容与系统之间数据的各种约定。这些约定包括对齐限制，以及系统如何使用堆栈和在调用方法时注册。
- 运行时可用于机器代码的方法符号列表——通常来自非常具体的库集。

23.2 支持的ABI

每个 ABI 支持一个或多个指令集。

（1）armeabi

此 ABI 适用于基于 ARM、至少支持 ARMv5TE 指令集的 CPU，不支持硬件辅助的浮点计算。

此 ABI 支持 ARM 的 Thumb（亦称 Thumb-1）指令集。NDK 默认生成 Thumb 代码，除非在 Android.mk 文件中使用 LOCAL_ARM_MODE 变量指定不同的行为。

（2）armeabi-v7a

此 ABI 可扩展 armeabi 以包含多个 CPU 指令集扩展，包括 Thumb-2 指令集扩展，其性能堪比 32 位 ARM 指令，简洁性类似于 Thumb-1；VFP 硬件 FPU 指令，更具体一点，包括 VFPv3-D16，它除了 ARM 核心中的 16 个 32 位寄存器之外，还包含 16 个专用 64 位浮点寄存器；v7-a ARM 规格描述的其他扩展，包括高级 SIMD（亦称 NEON）、VFPv3-D32 和 ThumbEE，都是此 ABI 可选的。

（3）arm64-v8a

此 ABI 适用于基于 ARMv8、支持 AArch64 的 CPU。它还包含 NEON 和 VFPv4 指令集。

（4）x86

此 ABI 适用于支持通常称为“x86”或“IA-32”的指令集的 CPU。

（5）x86_64

此 ABI 适用于支持通常称为“x86-64”的指令集的 CPU。

（6）mips

此 ABI 适用于基于 MIPS、至少支持 MIPS32r1 指令集的 CPU。

（7）mips64

此 ABI 适用于 MIPS64 R6。

23.3　为特定ABI生成代码

默认情况下，NDK 为 armeabi ABI 生成机器代码。但可以通过向 Application.mk 文件添加以下行生成 ARMv7-a 兼容的机器代码。

```
APP_ABI := armeabi-v7a
```

要为两个或更多不同的 ABI 构建机器代码，需要使用空格作为分隔符。示例代码如下：

```
APP_ABI := armeabi armeabi-v7a
```

此设置指示 NDK 为机器代码构建两个版本：此行中所列的 armeabi 和 armeabi-v7a。

构建多个机器代码版本时，构建系统会将库复制到应用项目路径，并最终将它们封装到 APK 中，从而创建一个胖二进制文件。胖二进制文件大于只包含一个系统的机器代码的二进制文件，兼容性更广，但 APK 占的存储空间更大。

在安装时，软件包管理器只解析 APK 中包含的最适合目标设备的机器代码。

23.4　Android系统的ABI管理

Android 系统的软件包管理器预期在 APK 中符合以下模式的文件路径上查找 NDK 生成的库。

```
/lib/<abi>/lib<name>.so
```

这里的 <abi> 支持的是 ABI 下面列出的 ABI 名称之一，<name> 是为 Android.mk 文件中的 LOCAL_MODULE 变量定义库时使用的库名称。由于 APK 文件只是 zip 文件，因此打开它们并确认它们属于哪些原生共享库是很简单的。

如果系统在预期位置找不到原生共享库，便无法使用它们。在这种情况下，应用本身必须复制这些库，然后执行 dlopen()。

在胖二进制文件中，每个库位于其名称与相应 ABI 匹配的目录下。例如，胖二进制文件可能包含以下文件。

```
/lib/armeabi/libfoo.so
/lib/armeabi-v7a/libfoo.so
/lib/arm64-v8a/libfoo.so
```

```
/lib/x86/libfoo.so
/lib/x86_64/libfoo.so
/lib/mips/libfoo.so
/lib/mips64/libfoo.so
```

23.5 Android系统ABI支持

Android 系统在运行时知道它支持哪些 ABI，因为版本特定的系统属性会指示。

- 设备的主要 ABI，与系统映像本身使用的机器代码对应。
- 可选的辅助 ABI，与系统映像支持的另一个 ABI 对应。此机制确保系统在安装时从软件包提取最佳机器代码。

为实现最佳性能，应直接针对主要 ABI 进行编译。例如，基于 ARMv5TE 的典型设备只会定义主要 ABI 为 armeabi。相反，基于 ARMv7 的典型设备将主要 ABI 定义为 armeabi-v7a，而将辅助 ABI 定义为 armeabi，因为它可以运行为每个 ABI 生成的应用原生二进制文件。

许多基于 x86 的设备也可运行 armeabi-v7a 和 armeabi NDK 二进制文件。对于这些设备，主要 ABI 将是 x86，辅助 ABI 是 armeabi-v7a。

基于 MIPS 的典型设备只定义主要 ABI 为 mips。

23.6 安装时自动解压缩原生代码

安装应用时，软件包管理器服务将扫描 APK，查找以下形式的任何共享库。

```
lib/<primary-abi>/lib<name>.so
```

如果未找到，并且已定义辅助 ABI，该服务将扫描以下形式的共享库。

```
lib/<secondary-abi>/lib<name>.so
```

找到所需的库时，软件包管理器会将它们复制到应用的 data 目录（data/data/<package_name>/lib/）下的 /lib/lib<name>.so。

如果没有找到所需的库，会报如下错误。

```
Failure [INSTALL_FAILED_NO_MATCHING_ABIS: Failed to extract native libraries, res=-113]
```

第24章　ProGuard混淆

24.1 ProGuard简介

Java 源代码（.java 文件）通常被编译为字节码（.class 文件）。通常情况下，编译后的字节码包含了大量的调试信息，包括源文件名、行号、字段名、方法名、参数名和变量名等，这些信息使得 APP 很容易被反编译和通过逆向工程获得完整的程序代码。

ProGuard 是一个压缩、优化和混淆 Java 字节码文件的免费工具，主要功能如下所述。

- 可以删除无用的类、字段、函数和变量。
- 可以删除没用的注释，最大限度地优化字节码文件。
- 还可以使用简短的、无意义的名称来重命名已经存在的类、字段、方法和变量。

ProGuard 对 Java 类中的代码可以进行以下处理。

- 压缩（Shrink）：用于检测和删除没有使用的类、字段、方法和变量。
- 优化（Optimize）：对字节码进行优化，并且移除无用指令。
- 混淆（Obfuscate）：使用 a、b、c 等无意义的名称，对类、字段和方法进行重命名。
- 预检（Preveirfy）：对处理后的代码进行预检。

使用 ProGuard 对 APP 进行混淆处理，可以增加 APP 被反编译的难度。混淆功能通常是在 APP 的 Release 版本开启，需要在 build.gradle 文件中做如下配置。

```
buildTypes {
        release {
            //开启混淆功能
            minifyEnabled true
            //混淆配置文件
            proguardFiles getDefaultProguardFile( 'proguard-android.txt '),  'proguard-
            rules.pro '
        }
        ...
}
```

24.2 ProGuard指令介绍

对 APP 进行混淆时，常用的指令有以下几个。

```
#混淆后的类名不使用大小写混合，只用小写
-dontusemixedcaseclassnames
```

```
#指定不去忽略非公共库的类
-dontskipnonpubliclibraryclasses

#不做预校验， AndroidAPP不需要preverify，去掉这一步能够加快混淆速度
-dontpreverify

#指定在处理过程中写出更多信息。如果程序以一个异常终止，则此选项将打印整个堆栈跟踪，而不只是异常消息。
-verbose

#指定在更细粒度级别启用和禁用的优化
-optimizations

#编译时，忽略针对某些类的警告信息
-dontwarn

#类和类成员都不做混淆处理
-keep

#类成员不做混淆处理
-keepclassmembers

#某些属性不做混淆处理
-keepattributes
```

24.3 ProGuard注意事项

在混淆配置文件中，如果使用了 -keep 指令，最好同时使用 -dontwarn 指令，否则可能会因为出现 warning 导致编译出错。

以下两个指令最好也要使用上，否则 APP 崩溃后，出错信息里没有行号，不方便分析解决问题。

```
-renamesourcefileattribute SourceFile
-keepattributes SourceFile,LineNumberTable
```

混淆功能通常配置是在编译 Release 版本时生效，而开发人员通常只编译 Debug 版本，这往往会导致在开发人员本机能够正常编译，在编译服务器编译 Release 版本时因为没有正确配置混淆而出错。在向代码服务器提交代码前，开发人员最好在本机也编译下 Release 版本，这样可以提前发现此类问题，避免服务器编译出错。

有时会遇到 Release 版本有某个问题，但 Debug 版本没有这个问题的情况，是由于 Release 版本编译时修改了类名、方法名和变量名，在运行时找不到对应的名称，导致出错。

解决这样的问题，需在混淆文件中做如下类似配置。

```
-keep class com.google.protobuf.** {*;}
```

如果有类是通过反射来使用的、应用调用的方法来自 Java 原生接口（JNI）或应用引用的类只来自 AndroidManifest.xml 文件时，也需要用 -keep 指令，指定对相关的类不做混淆处理。

如下代码列出了 APP 中通常不需要混淆的一些内容。

```
-keepattributes *Annotation*

-keep public class * extends android.app.Activity
-keep public class * extends android.app.Application
-keep public class * extends android.app.Service
-keep public class * extends android.content.BroadcastReceiver
-keep public class * extends android.content.ContentProvider

-keep public class * extends android.view.View {
      public <init>(android.content.Context);
      public <init>(android.content.Context, android.util.AttributeSet);
      public <init>(android.content.Context, android.util.AttributeSet, int);
      public void set*(...);
}

-keepclasseswithmembers class * {
    public <init>(android.content.Context, android.util.AttributeSet);
}

-keepclasseswithmembers class * {
    public <init>(android.content.Context, android.util.AttributeSet, int);
}

-keepclassmembers class * extends android.content.Context {
    public void *(android.view.View);
    public void *(android.view.MenuItem);
}

-keepclassmembers class * implements android.os.Parcelable {
    static ** CREATOR;
}

-keepclassmembers class **.R$* {
    public static <fields>;
}
```

```
-keepclassmembers class * {
    @android.webkit.JavascriptInterface <methods>;
}
```

24.4 ProGuard相关文件

- proguard-rules.pro：混淆配置文件。
- mapping.txt：代码混淆前后的对照表。APP 混淆后，日志中记录的类名、变量名和方法名等都是混淆后的名称，如果 APP 出现问题，希望定位到源代码的话就需要利用 mapping.txt 里的内容。每次发布 APP 后都要保留此文件，方便查找和解决问题。
- dump.txt：描述 APK 内所有 class 文件的内部结构。
- seeds.txt：列出了没有被混淆的类和成员。
- usage.txt：列出了源代码中存在，但编译时被删除，在 APK 中不存在的代码。

mapping.txt、dump.txt、seeds.txt 和 usage.txt 是编译后生成的，这些文件的生成路径是：<module-name>/build/outputs/mapping/release/ 。

第25章
Android Studio使用技巧

25.1　编译打包

使用 Android Studio 可以很方便地一次编译多个渠道包，具体步骤如下所述。

（1）在 AndroidManifest.xml 文件中配置 CHANNEL 字符串。

```
<meta-data
        android:name="UMENG_CHANNEL"
        android:value="${CHANNEL_VALUE}"
        tools:replace="android:value"/>
```

（2）在项目中增加各渠道文件夹的相关文件。如不同渠道包连接的服务器地址不同，可以做如图 25-1 所示的配置。

图25-1

每个渠道包的 strings.xml 文件中包含对应的服务器地址。

```
<resources>
        <string name="base_url">http://www.xxx.com</string>
</resources>
```

（3）在 build.gradle 文件中添加如下代码。

```
productFlavors {
        //编译3个渠道包
        demo3 {
        }
        demo4 {
        }
        demo5 {
        }

        //设置每个渠道包中的渠道名称
        productFlavors.all { flavor ->
```

```
            flavor.manifestPlaceholders = [CHANNEL_VALUE: name]
        }

        //把代码的提交次数+渠道名称作为版本号
        applicationVariants.all { variant ->
            if (variant.buildType.name.equals( 'release ')) {
                def gitVersion = gitVersionCode()
                variant.mergedFlavor.versionCode = gitVersion
                variant.mergedFlavor.versionName = gitVersion.toString() + variant.
                mergedFlavor. manifestPlaceholders.CHANNEL_VALUE
            }
        }

        //按APK名+版本号+编译时间+渠道名称的方式修改编译的APK文件名称
        applicationVariants.all { variant ->
            if (variant.buildType.name.equals( 'release ')) {
                variant.outputs.each { output ->
                    def outputFile = output.outputFile
                    if (outputFile != null &&
                        outputFile.name.endsWith( 'release.apk ')) {
                        def fileName =
                        "xxx_v${variant.mergedFlavor.versionName}_${releaseTime()}_${va
                        riant.productFlavors[0].name}.apk"
                        output.outputFile = new File(outputFile.parent, fileName)
                    }

                    //删除xxx-unaligned.apk这类没有字节对齐的APK文件
                    if(output.zipAlign != null){
                        output.zipAlign.doLast{
                            output.zipAlign.inputFile.delete()
                        }
                    }
                }
            }
        }
    }

//获取git服务器上的代码提交次数
def gitVersionCode() {
    def cmd =  'git rev-list HEAD --count '
    cmd.execute().text.trim().toInteger()
}

//得到当前时间的字符串，不能用UTC时区，要用上海所在的时区(也就是北京时间)
def releaseTime() {
    return new Date().format("yyyyMMddHHmmss",
    TimeZone.getTimeZone("Asia/Shanghai"))
}
```

25.2　功能宏的使用

通常增加一个功能需要修改多个文件，有时还会遇到这样的情况：A 版本增加的功能，B 版本上由于某个原因给关闭了，到 C 版本又需要打开。

C 语言提供了宏这种常量，可以把各文件里的功能代码包含在宏代码块里，通过修改宏的值就可以打开和关闭功能，而不用在各个文件里修改代码。

Java 没有提供宏这样的常量，但可以利用 Android Studio 自己实现类似的功能。

在 build.gradle 中添加如下代码：

```
buildTypes {
    release {
        //增加功能开关
        buildConfigField "boolean", "MD5_ON", "true"
    }
}
```

在 Java 文件中添加如下代码：

```
if(BuildConfig.MD5_ON) {
    MD5.encode(password);
}
```

如果要关闭 MD5 加密功能，把 MD5_ON 的值设为 false 就可以了。

25.3　集成SO文件

首先把 so 文件放在 lib 文件夹中，如图 25-2 所示。

```
liba_project
    build
    libs
        armeabi
            libserial_port.so
        CH34xUARTDriver.jar
        serialport.jar
        universal-image-loader-1.9.5.jar
    src
```

图25-2

其次在 build.gradle 文件增加如下代码。

```
android {
    ...
    sourceSets {
        main {
            jniLibs.srcDirs = [ 'libs ']
        }
    }
    ...
}
```

25.4 模板的定制使用

在用 Android Studio 的向导新建工程时，会显示许多 Android Studio 内置的 Activity 模板，如图 25-3 所示：

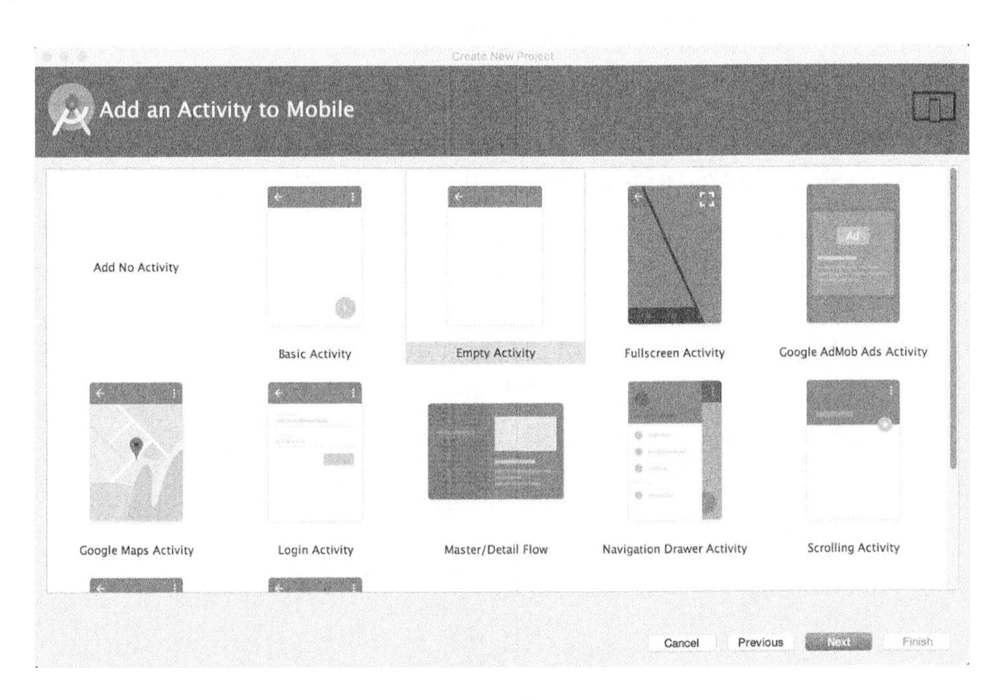

图25-3

或在工程中选择新建 Activity 时，也可以选择内置的 Activity 模板，如图 25-4 所示：

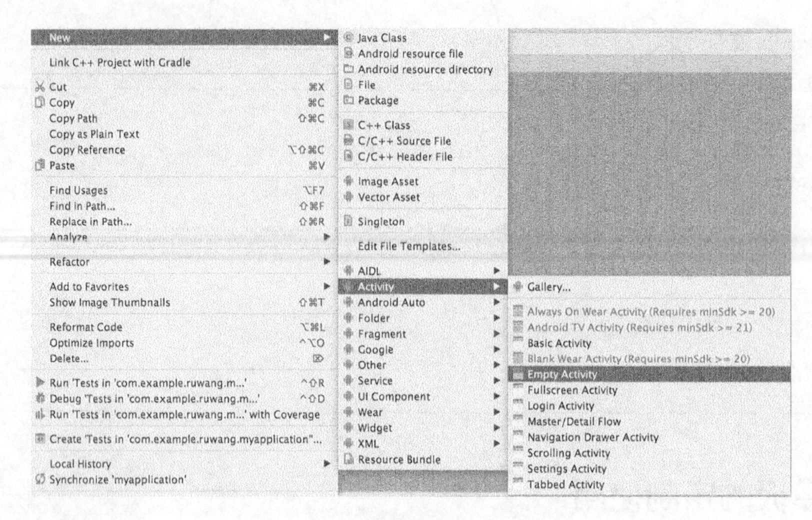

图25-4

这样可以大大提高开发效率。

这些模板放在 Android Studio 安装路径的如下文件夹中：

plugins\android\lib\templates\activities，用户也可以自己定制模板。

大多数 APP 都有登录功能，现参考 Android Studio 中提供的 LoginActivity 模板，定制一个登录功能用的 rwLoginActivity 模板，名称为“RuWang Login Activity”，界面如图 25-5 所示：

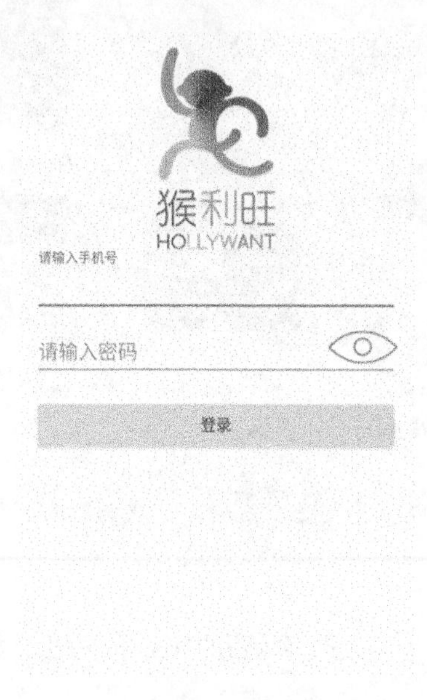

图25-5

首先编写 rwLoginActivity.java 代码和 activity_rw_login.xml 文件实现此 Activity，然后在此基础上实现模板。

参考 Android Studio 提供的模板，要定制一个模板，涉及如图 25-6 所示的文件：

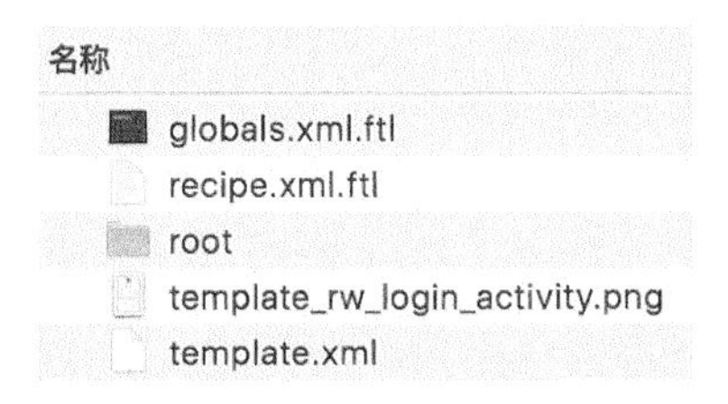

图25-6

template_rw_login_activity.png—对应在 Android Studio 中用向导创建 Activity 时，在图 25-3 界面看到的 Activity 界面示意图。

template.xml—用于定义属性参数，内容如下：

```
<?xml version="1.0"?>
<template
    format="5"
    revision="1"
    //模板名称
    name="RuWang Login Activity"
    description="Creates a new login activity, allowing users to enter a phone number
    and password to log in to or register with your application."
    requireAppTheme="true"

    //此Activity支持的最小API级别
    minApi="17"
    minBuildApi="17">

    <category value="Activity" />
    <formfactor value="Mobile" />

//以下parameter参数和相关属性会在创建Activity时的“Customize the Acitvity”界面用到，需要用
//户输入一些参数值，且向用户显示一些提示信息，default和help的内容支持中英文
<parameter
    id="activityClass"
    name="Activity Name"
    type="string"
    constraints="class|unique|nonempty"
    default="rwLoginActivity"
    help="The name of the activity class to create" />

<parameter
```

```
        id="layoutName"
        name="Layout Name"
        type="string"
        constraints="layout|unique|nonempty"
        suggest="${activityToLayout(activityClass)}"
        default="activity_rw_login"
        help="The name of the layout to create for the activity" />

    <parameter
        id="activityTitle"
        name="Title"
        type="string"
        constraints="nonempty"
        default="登录"
        help="The name of the activity." />

    <parameter
        id="passwordLength"
        name="Password Length"
        type="string"
        constraints="nonempty"
        default="6"
        help="设置密码长度" />

    <parameter
        id="parentActivityClass"
        name="Hierarchical Parent"
        type="string"
        constraints="activity|exists|empty"
        default=""
        help="The hierarchical parent activity, used to provide a default implementation for
        the 'Up' button" />

    <parameter
        id="packageName"
        name="Package name"
        type="string"
        constraints="package"
        default="com.mycompany.myapp" />

    <thumbs>
        <thumb>template_rw_login_activity.png</thumb>
    </thumbs>

    <globals file="globals.xml.ftl" />
        <execute file="recipe.xml.ftl" />

    </template>
```

globals.xml.ftl 和 recipe.xml.ftl 的后缀是 ftl，表示这两个文件使用的是 FTL(FreeMarker Template Language) 语言，这是一种简单的模板编写语言。

globals.xml.ftl —用于定义属性参数，内容如下：

```
<?xml version="1.0"?>
<globals>
//定义此Activity界面是否有ActionBar，value为true，表示不需要ActionBar
<global id="hasNoActionBar" type="boolean" value="true" />

//定义此Activity是否具有"android.intent.action.MAIN"
//和"android.intent.category.LAUNCHER"两个属性
<global id="isLauncher" type="boolean" value="${isNewProject?string}" />
<global id="GenericStringArgument" type="string" value="<#if buildApi lt 19>
String</#if>" />
<globals file="../common/common_globals.xml.ftl" />
</globals>
```

其中 lt 是 FTL 语言关键字，相当于比较运算符“小于”，其他几个类似功能的关键字。

- gt：比较运算符 " 大于 "。
- gte：比较运算符 " 大于或等于 "。
- lte：比较运算符 " 小于或等于 "。

recipe.xml.ftl—用于对代码文件和资源文件的处理。

Android Studio 提供的 LoginActivity 模板界面没有图片，rwLoginActivity 模板界面有图片，需要在 recipe.xml.ftl 文件中增加一个 copy 指令，复制模板资源图片到工程中的资源目录下：

```
<copy from="root/res/drawable"
    to="${escapeXmlAttribute(resOut)}/drawable" />
```

文件的完整内容如下：

```
<?xml version="1.0"?>
<recipe>
   <#if appCompat && !(hasDependency('com.android.support:appcompat-v7'))>
        <dependency mavenUrl="com.android.support:appcompat-v7:${buildApi}.+" />
   </#if>

   <#if (buildApi gte 22) && appCompat
   && !(hasDependency('com.android.support:design'))>
       <dependency mavenUrl="com.android.support:design:${buildApi}.+" />
   </#if>
```

```
    <merge from="root/AndroidManifest.xml.ftl"
            to="${escapeXmlAttribute(manifestOut)}/AndroidManifest.xml" />

    <merge from="root/res/values/dimens.xml"
            to="${escapeXmlAttribute(resOut)}/values/dimens.xml" />

    <merge from="root/res/values/strings.xml.ftl"
            to="${escapeXmlAttribute(resOut)}/values/strings.xml" />

    <copy from="root/res/drawable"
             to="${escapeXmlAttribute(resOut)}/drawable" />

    <instantiate from="root/res/layout/activity_rw_login.xml.ftl"
             to="${escapeXmlAttribute(resOut)}/layout/${layoutName}.xml" />

    <instantiate from="root/src/app_package/rwLoginActivity.java.ftl"
             to="${escapeXmlAttribute(srcOut)}/${activityClass}.java" />

    <open file="${escapeXmlAttribute(srcOut)}/${activityClass}.java" />

</recipe>
```

在 root 文件夹里包含此 Activity 相关的代码文件、资源文件和 AndroidManifest 文件，如图 25-7 所示：

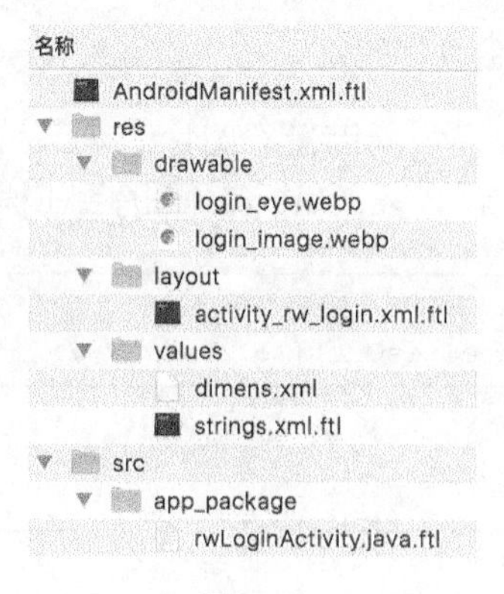

图25-7

Android Studio 提供的 LoginActivity 模板界面有 ActionBar，rwLoginActivity 模板界面没有 ActionBar，需要把 AndroidManifest.xml.ftl 文件里的主题设置代码改成自己需要的主题名称：

```
<#if hasNoActionBar>
android:theme="@style/Theme.AppCompat.Light.NoActionBar"
```

文件的完整内容如下：

```
<manifest xmlns:android="http://schemas.android.com/apk/res/android" >

   <application>
       <activity android:name=".${activityClass}"
            <#if isNewProject>
            android:label="@string/app_name"
            <#else>
            android:label="@string/title_${simpleName}"
            </#if>
            <#if hasNoActionBar>
            android:theme="@style/Theme.AppCompat.Light.NoActionBar"
            </#if>
            <#if buildApi gte 16 && parentActivityClass !=
            "">android:parentActivityName="${parentActivityClass}"</#if>>
            <#if parentActivityClass != "">
            <meta-data android:name="android.support.PARENT_ACTIVITY"
                android:value="${parentActivityClass}" />
            </#if>
            <#if isLauncher && !(isLibraryProject!false)>
            <intent-filter>
                 <action android:name="android.intent.action.MAIN" />
                 <category android:name="android.intent.category.LAUNCHER" />
            </intent-filter>
            </#if>
        </activity>
    </application>
</manifest>
```

rwLoginActivity.java.ftl 可以在之前写好的 rwLoginActivity.java 文件基础上做修改，导入包名的代码改成：

```
package ${packageName};
```

类名和父类名改成：

```
public class ${activityClass} extends ${superClass}
```

密码长度参数的赋值语句改成：

```
private int mPasswordLength = ${passwordLength};
```

文件的完整内容如下：

```
package ${packageName};

import android.content.res.ColorStateList;
import android.graphics.Color;
import android.graphics.PorterDuff;
import android.support.v4.view.ViewCompat;
import android.support.v7.app.AppCompatActivity;

import android.os.Bundle;
import android.text.TextUtils;
import android.text.method.HideReturnsTransformationMethod;
import android.text.method.PasswordTransformationMethod;
import android.view.KeyEvent;
import android.view.View;
import android.view.View.OnClickListener;
import android.view.inputmethod.EditorInfo;
import android.widget.AutoCompleteTextView;
import android.widget.Button;
import android.widget.EditText;
import android.widget.TextView;

import java.util.regex.Matcher;
import java.util.regex.Pattern;

public class ${activityClass} extends ${superClass} {

    private AutoCompleteTextView mPhoneView;
    private EditText mPasswordView;

    TextView mLoginEye;
    boolean mIsDisplayPassword = false;

    private int mPasswordLength = ${passwordLength};

    @Override
    protected void onCreate(Bundle savedInstanceState) {
        super.onCreate(savedInstanceState);
        setContentView(R.layout.activity_rw_login);

        // Set up the login form.
        mPhoneView = (AutoCompleteTextView) findViewById(R.id.phone);
        mPasswordView = (EditText) findViewById(R.id.password);
        mPasswordView.setOnEditorActionListener(new TextView.OnEditorActionListener() {
            @Override
```

```
            public boolean onEditorAction(TextView textView, int id, KeyEvent keyEvent) {
                if (id == R.id.login || id == EditorInfo.IME_NULL) {
                    attemptLogin();
                    return true;
                }
                return false;
            }
        });

        mLoginEye = (TextView) findViewById(R.id.login_eye);
        mLoginEye.setOnClickListener(new View.OnClickListener() {
            @Override
            public void onClick(View v) {
                OnSetDisplayPassword();
            }
        });

        Button mSignInButton = (Button) findViewById(R.id.sign_in_button);
        mSignInButton.setOnClickListener(new OnClickListener() {
            @Override
            public void onClick(View view) {
                attemptLogin();
            }
        });
    }

    private void attemptLogin() {
        // Reset errors.
        mPhoneView.setError(null);
        mPasswordView.setError(null);

        // Store values at the time of the login attempt.
        String phone = mPhoneView.getText().toString();
        String password = mPasswordView.getText().toString();

        boolean cancel = false;
        View focusView = null;

        // Check for a valid password, if the user entered one.
        if (!TextUtils.isEmpty(password) && !isPasswordValid(password)) {
            mPasswordView.setError(getString(R.string.error_invalid_password));
            focusView = mPasswordView;
            cancel = true;
        }

        // Check for a valid phone.
```

```
        if (TextUtils.isEmpty(phone)) {
            mPhoneView.setError(getString(R.string.error_field_required));
            focusView = mPhoneView;
            cancel = true;
        } else if (!isPhone(phone)) {
            mPhoneView.setError(getString(R.string.error_invalid_phone));
            focusView = mPhoneView;
            cancel = true;
        }

        if (cancel) {
            // There was an error; don't attempt login and focus the first
            // form field with an error.
            focusView.requestFocus();
        } else {
            // perform the user login attempt.
            logIn(phone, password);
        }
    }

    /**
     * 判断手机格式是否正确
     *
     * @param phone 手机号
     * @return true 正确 false 错误
     */
    public static boolean isPhone(String phone) {
        if (TextUtils.isEmpty(phone)) {
            return false;
        }
        Pattern p = Pattern
                .compile("^((13[0-9])|(14[5,7])|(17[0-9])|(15[^4,\\D])|(18[0-9]))\\d{8}$");
        Matcher m = p.matcher(phone);
        return m.matches();
    }

    private boolean isPasswordValid(String password) {
        //TODO: Replace this with your own logic
        return password.length() >= mPasswordLength;
    }

    private void OnSetDisplayPassword() {
        mIsDisplayPassword = !mIsDisplayPassword;

        if (mIsDisplayPassword) {
            ViewCompat.setBackgroundTintList(mLoginEye, ColorStateList.valueOf(Color.
```

```
                parseColor("#FF4081")));
                ViewCompat.setBackgroundTintMode(mLoginEye, PorterDuff.Mode.SCREEN);
                mPasswordView.setTransformationMethod(HideReturnsTransformationMethod
                .getInstance());
            } else {
                ViewCompat.setBackgroundTintList(mLoginEye, ColorStateList.
                valueOf(Color.parseColor("#CCCCCC")));
                ViewCompat.setBackgroundTintMode(mLoginEye, PorterDuff.Mode.SCREEN);
                mPasswordView.setTransformationMethod(PasswordTransformationMethod
                .getInstance());
            }
        }

        private void logIn(String phone, String password) {
        }
    }
```

activity_rw_login.xml.ftl 也可以在之前写好的 activity_rw_login.xml 文件基础上做修改，里面涉及类名的地方改成：

```
    tools:context="${relativePackage}.${activityClass}"
```

文件的完整内容如下：

```
    <LinearLayout xmlns:android="http://schemas.android.com/apk/res/android"
        xmlns:tools="http://schemas.android.com/tools"
        android:layout_width="match_parent"
        android:layout_height="match_parent"
        android:gravity="center_horizontal"
        android:orientation="vertical"
        android:paddingBottom="@dimen/activity_vertical_margin"
        android:paddingLeft="@dimen/activity_horizontal_margin"
        android:paddingRight="@dimen/activity_horizontal_margin"
        android:paddingTop="@dimen/activity_vertical_margin"
        tools:context="${relativePackage}.${activityClass}">

        <ScrollView
            android:id="@+id/login_form"
            android:layout_width="match_parent"
            android:layout_height="match_parent">

            <LinearLayout
                android:id="@+id/phone_login_form"
                android:layout_width="match_parent"
                android:layout_height="wrap_content"
```

```
android:orientation="vertical">

<ImageView
    android:id="@+id/login_image"
    android:layout_width="match_parent"
    android:layout_height="wrap_content"
    android:src="@drawable/login_image" />

<android.support.design.widget.TextInputLayout
    android:layout_width="match_parent"
    android:layout_height="wrap_content">

    <AutoCompleteTextView
        android:id="@+id/phone"
        android:layout_width="match_parent"
        android:layout_height="wrap_content"
        android:hint="@string/prompt_phone"
        android:inputType="phone"
        android:maxLines="1"
        android:singleLine="true" />

</android.support.design.widget.TextInputLayout>

<FrameLayout
    android:id="@+id/password_layout"
    android:layout_width="match_parent"
    android:layout_height="wrap_content">

<android.support.design.widget.TextInputLayout
    android:layout_width="match_parent"
    android:layout_height="wrap_content">

    <EditText
        android:id="@+id/password"
        android:layout_width="match_parent"
        android:layout_height="wrap_content"
        android:hint="@string/prompt_password"
        android:imeActionId="@+id/login"
        android:imeActionLabel="@string/action_sign_in"
        android:imeOptions="actionUnspecified"
        android:inputType="textPassword"
        android:maxLines="1"
        android:singleLine="true" />

</android.support.design.widget.TextInputLayout>
```

```
            <android.support.v7.widget.AppCompatTextView
               android:id="@+id/login_eye"
               android:layout_width="wrap_content"
               android:layout_height="wrap_content"
               android:layout_gravity="center|right"
               android:background="@drawable/login_eye"
               android:gravity="center"
               android:paddingRight="12dp" />
            </FrameLayout>

            <Button
               android:id="@+id/sign_in_button"
               style="?android:textAppearanceSmall"
               android:layout_width="match_parent"
               android:layout_height="wrap_content"
               android:layout_marginTop="16dp"
               android:text="@string/action_sign_in"
               android:textStyle="bold" />

         </LinearLayout>
      </ScrollView>
   </LinearLayout>
```

完成开发后，把 rwLoginActivity 模板文件夹放在 Android Studio 安装路径的如下文件夹中：plugins\android\lib\templates\activities，关闭并重启 Android Studio，就可以使用 rwLoginActivity 模板了。

创建 rwLoginActivity 的界面如图 25-8 和图 25-9 所示：

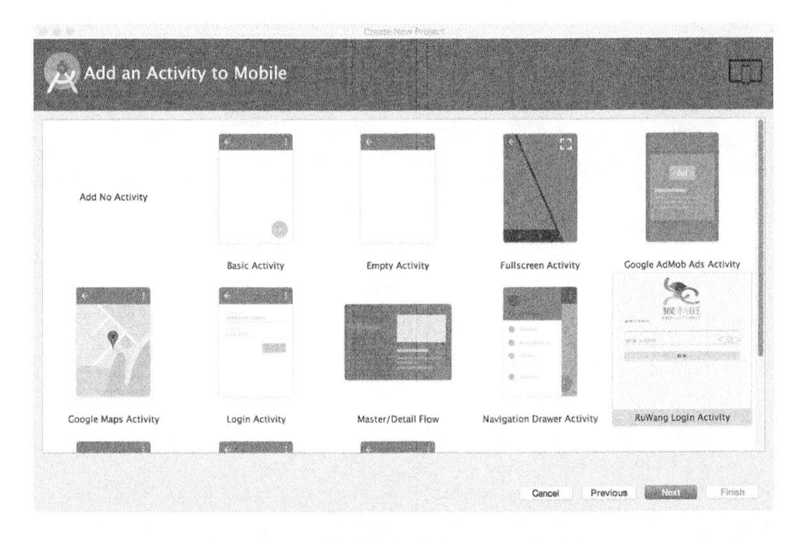

图25-8

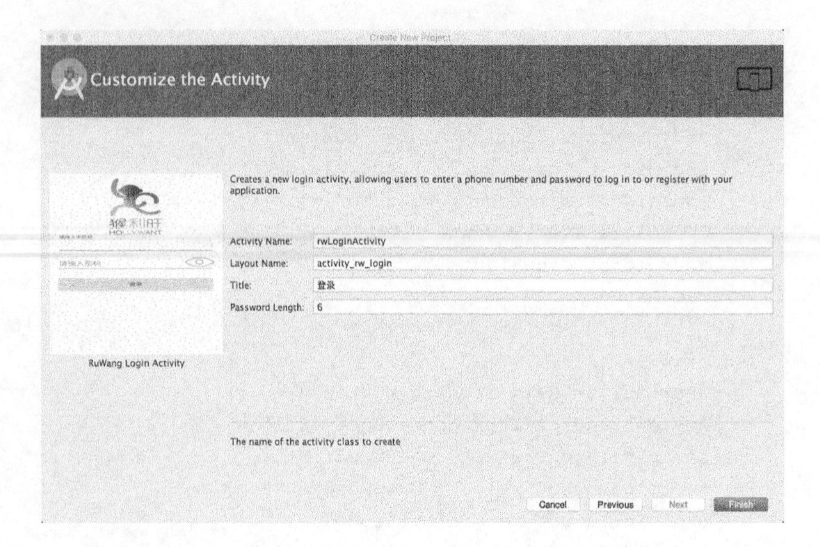

图25-9

在工程中选择新建 Activity 时，也可以使用 rwLoginActivity 模板了，如图 25-10 所示：

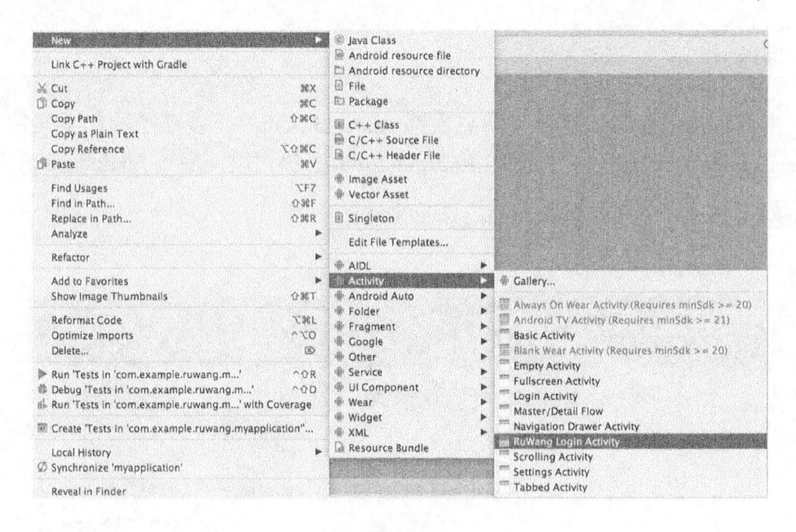

图25-10

第26章　APP缓存处理

26.1 缓存简介

APP 通常需要从服务器获取数据，服务器端的数据并不都是实时变化的，如商品的图片等，可以把从服务器获取的数据保存到设备的内存或本地，APP 从内存或本地读取数据，不需要每次都从服务器获取，从而节约用户的上网流量和加快 APP 响应速度。

在 APP 需要向服务器上传数据的时候，如果由于断网等原因无法把数据传递到服务器，此时也需要把数据存储在内存或本地，以便后续再次上传数据给服务器。

内存和本地文件的缓存空间并非是无限大的，都是有大小限制的，如果空间快满了，需要提醒用户清除空间。对于一直自动运行的程序，如售货机或设备监控软件，应该设置阈值，当剩余空间达到阈值时，就提前预警，而不是没有剩余空间了再预警。

26.2 缓存控制

1. 服务器端控制缓存

（1）利用 HTTP 协议的头字段。

如通过“Cache-Control”和“max-age”来告诉客户端是否缓存数据以及缓存的时间。

（2）利用 PUSH 机制。

服务器端数据更新后，如更新了 APP 端显示的 banner 图片后，发送 PUSH 消息给 APP，APP 收到消息后，本地缓存数据失效，再次从服务器端获取数据。

（3）自定义字段。

开发人员也可以自己定义字段标明数据是否需要缓存到本地，以及数据的有效期是多久。

2. 客户端控制缓存

APP 把数据保存到本地后，APP 自己设置缓存的有效期和判断缓存数据是否过期了，过期则直接清除数据。

26.3 缓存实现

1. 缓存数据的保存

为了能够正常清除与应用相关的缓存，需将缓存文件存放在 getCacheDir() 方法或者 getExternalCacheDir() 方法获取的路径下。

在保存数据时，最好把当前 APP 的版本号和数据一起保存，这样方便后续对不同版本的数据做兼容性处理。

为了安全起见，缓存的文件名可以使用 MD5 加密，对某些文件内容也可以进行加密。

2. 缓存数据的更新

有两种方式判断是否需要更新本地的缓存文件：根据文件的修改时间或根据文件的版本号。

如果 APP 存储有缓存文件的修改时间或版本号，APP 每次向服务器发起请求时，把修改时间或版本号发给服务器；服务器据此判断 APP 是否需要更新缓存文件：如果需要，返回新的数据文件给 APP；否则，只返回相关状态码。

26.4 WebView缓存

使用 WebView 控件加载网页的时候，设置缓存模式为 true，代码如下：

```
mWebView.getSettings().setAppCacheEnabled(true);
```

将会在 /data/data/package_name/ 下的 app_webview 文件夹里保存和网页相关的数据，如图 26-1 所示。

	Size	Date	Time	Permissions
app_webview		2016-07-17	02:26	drwxrwx--x
Cache		2016-07-17	02:31	drwx------
0e3b714c3e1ecfac_0	39104	2016-07-17	02:30	-rw-------
117ff2013e757c6e_0	7337	2016-07-17	02:31	-rw-------
21835450edd3e05e_C	9037	2016-07-17	02:30	-rw-------
337346cff424840f_0	6844	2016-07-17	02:30	-rw-------
3499bcd547f93731_0	7673	2016-07-17	02:31	-rw-------
396fd7ed99cb1720_0	6766	2016-07-17	02:30	-rw-------
4367f60567b19860_0	8668	2016-07-17	02:30	-rw-------
681cae1074062935_0	6785	2016-07-17	02:30	-rw-------
799136ad39419098_C	7045	2016-07-17	02:31	-rw-------
79c408eb4ddd5955_C	7951	2016-07-17	02:30	-rw-------
7ff81ffc7052df9b_0	7082	2016-07-17	02:30	-rw-------
8eb47c439cbce841_0	96721	2016-07-17	02:30	-rw-------
a42ce4e12d8e405f_0	457	2016-07-17	02:30	-rw-------
da1eadb3487f248c_0	33040	2016-07-17	02:30	-rw-------
f23194bdb77fbe8c_0	10996	2016-07-17	02:30	-rw-------
index	24	2016-07-17	02:26	-rw-------
index-dir		2016-07-17	02:31	drwx------
Cookies	7168	2016-07-17	02:31	-rw-------
Cookies-journal	4640	2016-07-17	02:31	-rw-------
Web Data	38912	2016-07-17	02:26	-rw-------
Web Data-journal	512	2016-07-17	02:26	-rw-------

图26-1

缓存模式如下所述。

- LOAD_CACHE_ONLY：不使用网络，只读取本地缓存数。
- LOAD_DEFAULT：根据 cache-control 决定是否从网络上取数据。
- LOAD_NO_CACHE：则不使用缓存，只从网络获取数据。

- LOAD_CACHE_ELSE_NETWORK：只要本地有，无论是否过期或者 no-cache，都使用缓存中的数据。

建议的缓存策略为：在设备连接网络的情况下，使用 LOAD_DEFAULT 模式；没有连接网络时，使用 LOAD_CACHE_ELSE_NETWORK 模式。

26.5 缓存注意事项

对于变化频繁的数据，如新闻内容、评论分数、商品的库存和销量等，这些数据可以考虑不做缓存处理；如果要做缓存处理，那在设备能正常连接网络的时候，APP 每次进入相关界面都要从服务器获取最新数据，同时保存数据到本地。在网络状况不好或断网的情况下，APP 才读取本地缓存数据，这样可以避免显示空界面给用户，改善用户体验。

对于用户自身可以修改的数据，如购物车里的商品数据，当 APP 不支持同一账号在多个设备同时登录时，可以做缓存处理。即使在网络正常的情况下，也可以优先读取本地缓存数据；当 APP 支持同一个账号在不同设备上同时登录和修改数据时，可以考虑不做缓存处理。如果要做缓存处理，那在设备能正常连接网络的时候，APP 每次进入购物车界面都要从服务器获取最新数据，同时保存数据到本地。

26.6 清除数据和清除缓存的区别

清除数据主要是清除用户配置数据及 APP 使用过程中生成的一些数据文件等。清除数据后，APP 中所有的设置项都变成了默认设置，之前用户做的设置都被清除了。

清除缓存是指清除缓存数据，清除缓存后，用户再次使用 APP 时，由于缓存数据已经被清除，可能需要从服务器获取数据，程序的响应速度会比有缓存数据时慢。

第27章　APP性能优化

27.1　减少APP所占空间大小

27.1.1　减少图片所占空间大小

要减少图片所占空间大小，可以采用以下方案。

（1）尽量使用 Android 和 iOS 系统自带的图片，系统没有的图片才预置在 APP 中。

（2）减少预置图片的个数。如 Android APP 可以只预置一套 XHDPI 密度的图片，只有个别的小图标，如桌面 icon，每种密度的都预置一张。iOS APP 只预置 2X 和 3X 的图片。

（3）普通的位图在不同分辨率的设备上伸缩时，很容易变形，APP 内常会预置内容一样但分辨率不同的多张图来解决这个问题，这样也导致 APP 所占空间变大。可以使用点 9 图或 SVG 矢量图代替普通的位图，这样不需预置多张内容一样、分辨率不同的图片，只需预置一张就可以了，可以有效减少图片所占空间大小。

（4）APP 通常都使用 PNG 格式的图，主要是 Android 和 iOS 系统会对其进行硬件加速，图片的加载速度相对会变快。但对于欢迎界面的图、背景图和引导页的图，这些大尺寸的图片建议使用 JPG 格式图片。PNG 格式有透明通道，是无损压缩；JPG 格式的没有透明通道，且是有损压缩，使用 JPG 图片，虽然加载慢些，但图片体积小，也减少了图片所占空间大小。

（5）通常引导页的多张图片只是中间的内容不同、背景都一样的，可以把引导图拆成一张背景图和多张内容图，相比多张完整的图片可以有效减少图片所占空间大小。

（6）APP 有时会使用到上下左右箭头这类内容一样、方向不同的图片，可以只预置一张向上的箭头图标，向下、向左、向右的箭头可以使用代码旋转上箭头图标实现。这样只需预置一张图片，也减少了图片所占空间大小。

如图 27-1 所示，两个图标箭头都是朝右的。

图27-1

对应的 XML 代码如下：

```
<ImageView
    android:layout_width="80dp"
    android:layout_height="wrap_content"
    app:srcCompat="@drawable/arrow_right_red"
    android:id="@+id/imageView" />

<ImageView
```

```
    android:layout_width="80dp"
    android:layout_height="wrap_content"
    app:srcCompat="@drawable/arrow_right_red"
    android:id="@+id/imageViewLeft" />
```

如果想把第二个箭头改成向左的图标，可按如下方式实现。

```
//定义旋转功能的XML代码
<?xml version="1.0" encoding="utf-8"?>
<rotate xmlns:android="http://schemas.android.com/apk/res/android"
    android:fromDegrees="0"
    android:pivotX="50%"
    android:pivotY="50%"
    android:toDegrees="180" />

//具体实现代码
Animation
rotateAnimation = AnimationUtils.loadAnimation(this, R.anim.rotate);

ImageView
imageViewLeft = (ImageView) findViewById(R.id.imageViewLeft);
imageViewLeft.startAnimation(rotateAnimation);
//图片旋转后，不恢复原状
rotateAnimation.setFillAfter(true);
```

结果如图 27-2 所示，只用一张图，通过代码实现了两种显示效果。

图27-2

（7）在设计动画效果时，需要设计和开发同事配合，以便不用帧动画也可以实现动画效果，这样不需要预置多张帧动画需要的图片；也可以设计使用 SVG 矢量图实现动画，减少图片所占空间大小。

（8）需要设计同事在制作 APP 预置的图片时，不能只考虑绚丽的效果，也要尽可能减少每张图片的尺寸。iOS 系统的扁平化设计和 Android 系统的 Material Design 也都是要求简洁的设计风格。

（9）使用 tint 和 tintmode 属性减少预置的图片资源。当只是要改变图片内容的颜色，而不改变图片内容时，以往做法是预置几张不同颜色的图片，使用这两个属性只需预置一张图片就可以了，程序运行时动态改变图片的颜色。

如图 27-3 所示的界面中的图片内容是彩色的，可以利用 tint 属性把颜色改成灰色。

图27-3

可以在 XML 文件中放置属性改变颜色，如下所示：

```
<ImageView
    android:id="@+id/login_image"
    android:layout_width="match_parent"
    android:layout_height="200dp"
    android:layout_marginTop="8dp"
    android:src="@drawable/login"
    android:tint="#EEEEEE"/>
```

也可以通过代码设置颜色，如下所示：

```
ImageView imageView = (ImageView) findViewById(R.id.login_image);
imageView.setColorFilter(Color.GRAY);
```

实现效果如图 27-4 所示。

图27-4

在许多 APP 中，输入密码的编辑框右边都有一个图标，反复点击图标，图标会显示不同的颜色，同时密码会以明文或密文形式显示如图 27-5 所示。传统方式也是预置两张不同颜色的图片，使用 tint 和 tintmode 属性只需预置一张图片就可以了，程序运行时动态改变图片的颜色。

图27-5

可以在XML文件中设计属性改变颜色，如下所示：

```
<android.support.v7.widget.AppCompatTextView
    android:id="@+id/login_eye_et"
    android:layout_width="wrap_content"
    android:layout_height="wrap_content"
    android:layout_gravity="right|center"
    android:layout_marginRight="12dp"
    android:background="@drawable/login_eye_first"
    android:gravity="center"
    android:backgroundTint="@color/colorAccent"
    android:backgroundTintMode="screen" />
```

也可以通过代码设置颜色，如下所示：

```
private void setDisplayPassword() {

    mIsDisplayPassword = !mIsDisplayPassword;

    if (mIsDisplayPassword){

        ViewCompat.setBackgroundTintList(mLoginEyeEt, ColorStateList.valueOf (Color.
        parseColor("#FF4081")));
        ViewCompat.setBackgroundTintMode(mLoginEyeEt, PorterDuff.Mode.SCREEN);
        mEditPassword.setTransformationMethod(PasswordTransformationMethod.getInstance());
    } else {

        ViewCompat.setBackgroundTintList(mLoginEyeEt, ColorStateList.valueOf (Color.
        parseColor("#CCCCCC")));
         ViewCompat.setBackgroundTintMode(mLoginEyeEt, PorterDuff.Mode.SCREEN);
         mEditPassword.setTransformationMethod(HideReturnsTransformationMethod.
         getInstance());
    }

}
```

实现效果如图27-6所示。

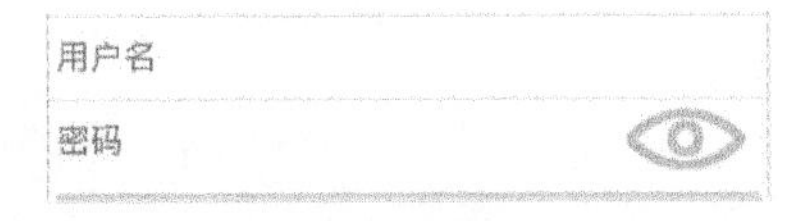

图27-6

使用 AppCompatTextView 控件是为了在低于 Android 5.0 版本（API level 21）的系统中也可以使用 tint 和 tintmode 属性。

（10）使用 WebP 格式的图片，也可以减少图片所占空间的大小。

（11）减少动画图片的帧数。

（12）可以使用 Drawable objects，如 <shape> 之类的代替使用图片。

（13）直接用代码生成图片，如单色的背景图，以减少预置的图片。

（14）使用 pngcrush 和 packJPG 等工具压缩 PNG 和 JPEG 格式图片的大小。

（15）针对不同内容的图片，选择不同的格式。具有丰富多彩颜色的图片用 JPG 格式比 PNG 格式具有更高的压缩率，图片所占空间更小；色彩比较单调的图片，采用 PNG 格式比 JPG 格式所占的空间更小。

如图 27-7 和图 27-8 所示，左边的图片色彩比较丰富，右边的图片色彩比较单调：

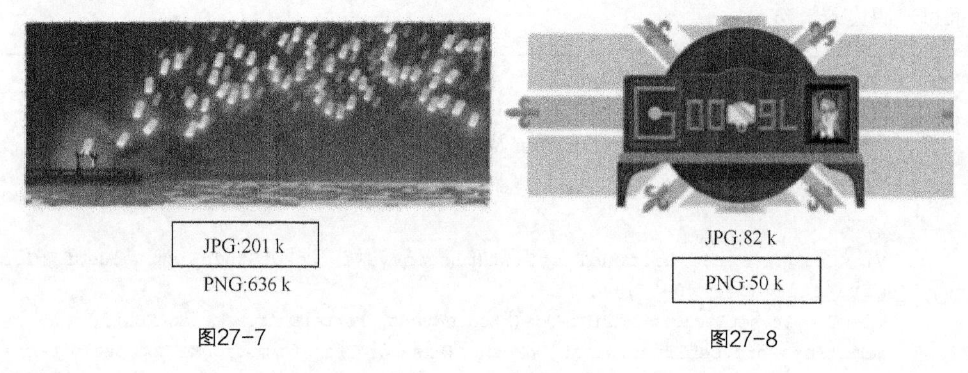

图27-7　　　　图27-8

之前已经介绍过，WebP 格式的图片比 PNG 和 JPG 格式图片所占的空间都小，所以优先考虑使用 WebP 格式的图片。

具体选择哪种格式的图片，可以按图 27-9 所示的流程处理。

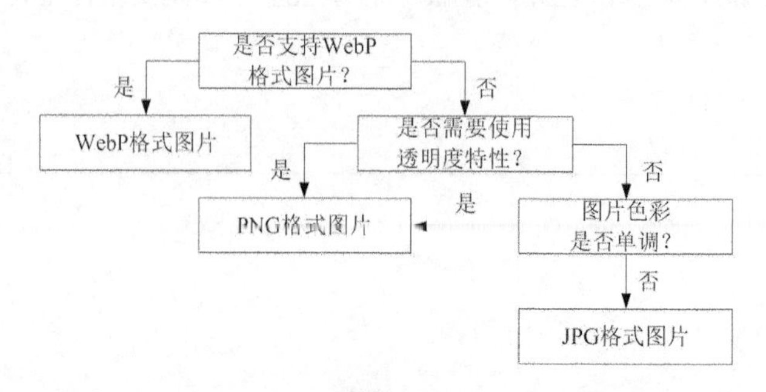

图27-9

27.1.2 减少音频文件所占空间大小

要减少音频文件所占的空间大小，可以采用以下方案。

- 尽量使用 Android 和 iOS 系统自带的音频文件，系统没有的音频文件才预置在 APP 中。
- 在大多数情况下，普通用户无法区分不同格式的音频文件的音质差异，但压缩率高的文件比压缩率低文件少占许多存储空间，所以 APP 可以内置压缩率高的音频文件，以减少音频文件所占空间大小。

27.1.3 减少代码所占空间大小

要减少代码所占空间的大小，可以采用以下方案。

- 删除无用的代码和文件，这样不但可以减少代码所占空间大小，还可以加快编译速度。
- 在集成三方库的时候，也要权衡下库的大小是否在可接受范围内。如果只使用库的某一项功能，而要集成一个几百 KB 的库时可以考虑自行实现这个功能，以减少代码所占空间大小。
- 把相同或相类似的功能代码和布局代码从各功能模块中剥离出来，封装成公共组件供各模块调用，尽可能地实现代码复用，可以有效减少代码所占空间大小，并提高开发效率。
- 少用枚举类型。按 Google 官方说法，每个枚举变量会导致 APP 的 classes.dex 文件增加 1.0 到 1.4KB 大小。

Google 官方推荐使用 @IntDef annotation 替代枚举，其实现的具体方式如下：

```
public class Types{
    //声明一个注解为UserTypes
    //使用@IntDef修饰UserTypes,参数设置为待枚举的集合
    //使用@Retention(RetentionPolicy.SOURCE)指定注解仅存在于源码中,不加入到class文件中
    @IntDef({TECHER, STUDENT})
    @Retention(RetentionPolicy.SOURCE)
    public @interface UserTypes{}

    //声明必要的int常量
    public static final int TECHER = 0;
    public static final int STUDENT = 1;
}
```

用作方法的参数时：

```
private void setType(@UserTypes int type) {
    mType = type;
}
```

调用该方法时：

```
setType (UserTypes. TECHER);
```

用作方法的返回值时：

```
@ UserTypes
public int getType() {
    return mType;
}
```

- 使用 ProGuard 把枚举类型的变量转换成整型，代码如下所示：

```
-optimizations class/unboxing/enum
```

若确保上述代码生效，ProGuard 配置文件中不能包含 -dontoptimize 指令。

27.1.4　使用APK Analyzer分析APP

1. APK Analyzer简介

Android Studio 自带了一个 APK 分析工具，即 APK Analyzer，可以使用它查看编译后的 APK 文件的组成，也有助于减少 APK 所占的存储空间。

使用 APK Analyzer，开发人员可以进行以下操作。

- 查看 APK 中包含的文件的绝对和相对大小（相对大小指的是该文件占整个 APK 大小的百分比）。
- 查看 DEX 文件的组成。
- 查看文件的内容（如 AndroidManifest.xml 文件）。
- 比较两个 APK 中包含的文件大小。

有三种方式启动 APK Analyzer。

- 直接把 APK 拖到 Android Studio 的编辑窗口。
- 切换工程到 Project 视图，然后双击 build/output/apks/ 路径下的 APK 文件。
- 选择 Build->Analyze APK 菜单，然后选择要分析的 APK。

注意：编译 APK 的时候，如果开启了 Instant Run 选项，则不能使用 APK Analyzer 对生成的 APK 进行分析（APK 中如包含 instant-run.zip，则是开启了 Instant Run 选项生成的 APK）。

2. 查看文件和大小信息

APK 文件是 ZIP 格式的压缩文件，APK Analyzer 把 APK 中的每个文件或文件夹作为一个实体。选中一个 APK 后，APK Analyzer 会按树形结构显示 APK 里的文件和文件夹，如图 27-10 所示。

svm_v0.5.2_04271810_build_testMachine_yichuFlavors_want.apk ×

com.want.vmc (version 0.5.2)

Raw File Size: 17.1 MB, Download Size: 16.4 MB　　Compare with...

File	Raw File Size	Download Size	% of Total Download size
lib	22.8 MB	9.8 MB	59.7%
res	5.1 MB	4.6 MB	27.6%
classes.dex	4.7 MB	1.9 MB	11.6%
resources.arsc	425.6 KB	82.7 KB	0.5%
META-INF	195.9 KB	62.9 KB	0.4%
com	130.5 KB	20.2 KB	0.1%
vmc	129.5 KB	15.7 KB	0.1%
AndroidManifest.xml	13.6 KB	3.1 KB	0%
org	10.5 KB	4.7 KB	0%

图27-10

```
Raw File Size: APK解压后其中的实体大小。
Download Size: 实体被Google Play压缩后的大小。
% of Total Download Size: 每个实体的Download Size所占的总Download Size的百分比。
```

3. 查看AndroidManifest.xml

如果工程中包含了多个 AndroidManifest.xml 文件或包含的库中有 manifest 文件，在编译成 APK 的时候这些 manifest 文件会被合并成一个文件。这个 manifest 文件在 APK 中是一个二进制文件，但使用 APK Analyzer 时能够以 XML 文件的形式查看文件内容，可以使开发者了解在编译的过程中发生了哪些变化。如可以看到库文件中的 AndroidManifest.xml 文件是怎样被合并到最终的 AndroidManifest.xml 文件中的，而且如果 AndroidManifest.xml 文件中有错，在 APK Analyzer 界面的右上角会显示提示图标，如图 27-11 所示。

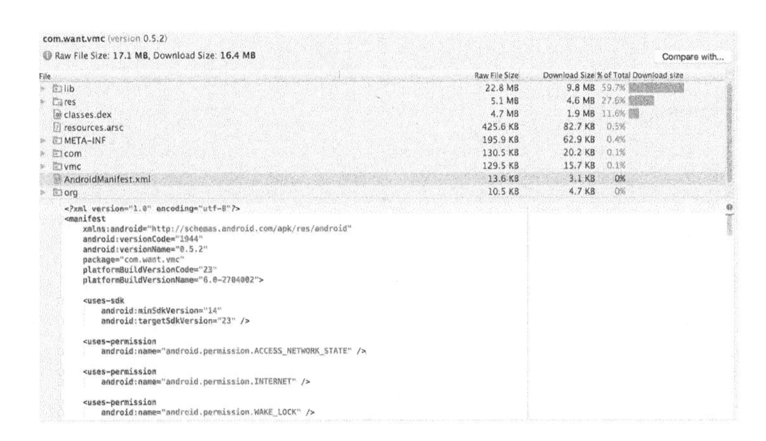

图27-11

4. 查看代码和资源实体

使用 APK Analyzer 还可以查看代码和资源文件，点击 res 文件夹中的每个文件，在窗口的下方会显示文件的具体内容，如图 27-12 所示。

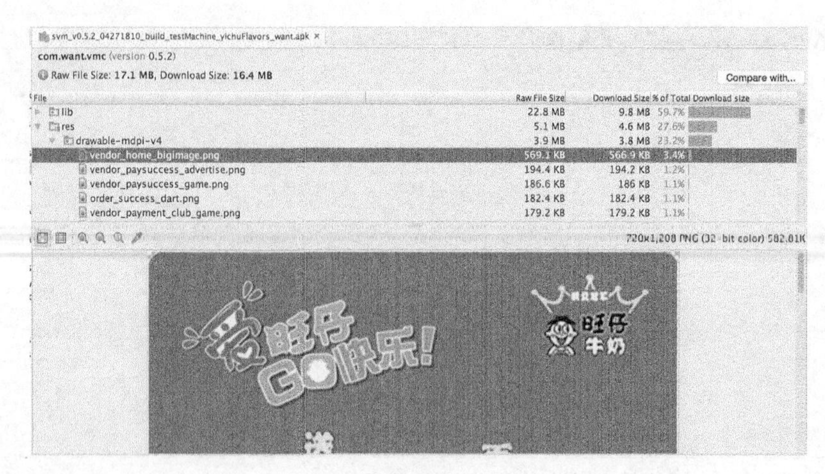

图27-12

APK Analyzer 也能显示文本和二进制文件的内容，如显示 resources.arsc 中的字符串资源内容，如图 27-13 所示。

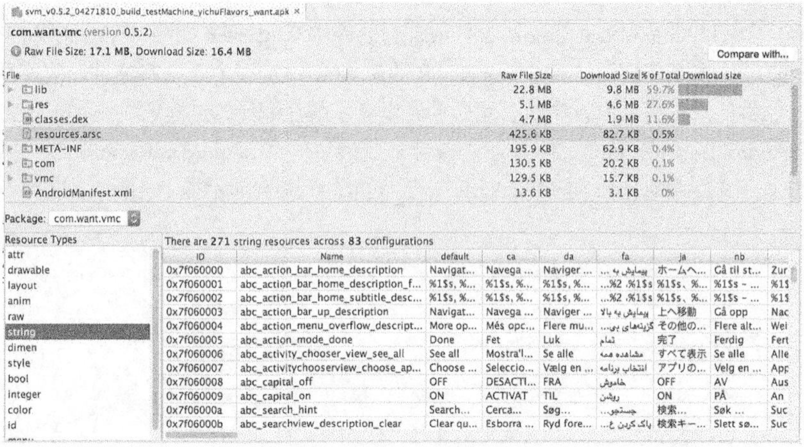

图27-13

5. 查看DEX文件

APK Analyzer 可以查看 DEX 文件的信息，能看到类中定义的和引用的方法个数，这些信息能够帮助开发人员决定是否使用 multi-dex 特性或者移除依赖库使得满足 64KB 方法数限制。

如图 27-14 所示，Referenced Methods 列是 DEX 文件中引用的方法个数，它包含了定义的方法、依赖的 library、定义在标准 Java 和 Android 库中的方法。Defined Methods 列只包含了定义在 DEX 文件中的方法个数。

注意：当引入一个依赖库时，在依赖库中定义的方法同时统计在 Defined Methods 列和 Referenced Methods 列中。

svm_v0.5.2_04271810_build_testMachine_yichuFlavors_want.apk ×

com.want.vmc (version 0.5.2)

Raw File Size: 17.1 MB, Download Size: 16.4 MB　　Compare with...

File	Raw File Size	Download Size	% of Total Download size
lib	22.8 MB	9.8 MB	59.7%
res	5.1 MB	4.6 MB	27.6%
classes.dex	4.7 MB	1.9 MB	11.6%
resources.arsc	425.6 KB	82.7 KB	0.5%
META-INF	195.9 KB	62.9 KB	0.4%
com	130.5 KB	20.2 KB	0.1%
vmc	129.5 KB	15.7 KB	0.1%
AndroidManifest.xml	13.6 KB	3.1 KB	0%

This dex file defines 5267 classes with 33561 methods, and references 41120 methods.

Class	Defined Methods	Referenced Methods
com	16036	16119
android	12157	14798
org	3654	3786
u	2661	2690
java	0	1496
vmc	970	971
okio	390	390
tv	320	320
q	174	174
odoo	124	124
bolts	91	91
net	47	50
de	41	42
javax	0	38

图27-14

6. 比较APK文件

APK Analyzer 也能对两个 APK 文件进行比较，这有助于开发人员了解不同版本的 APK 中的文件大小有什么变化。

在 APK Analyzer 中导入一个 APK，然后在 APK Analyzer 窗口的右上角单击 Compare With 按钮，选择另一个版本的 APK，再单击 OK 按钮。然后就会出现如图 27-15 所示的对话框，显示两个版本的文件大小差异。

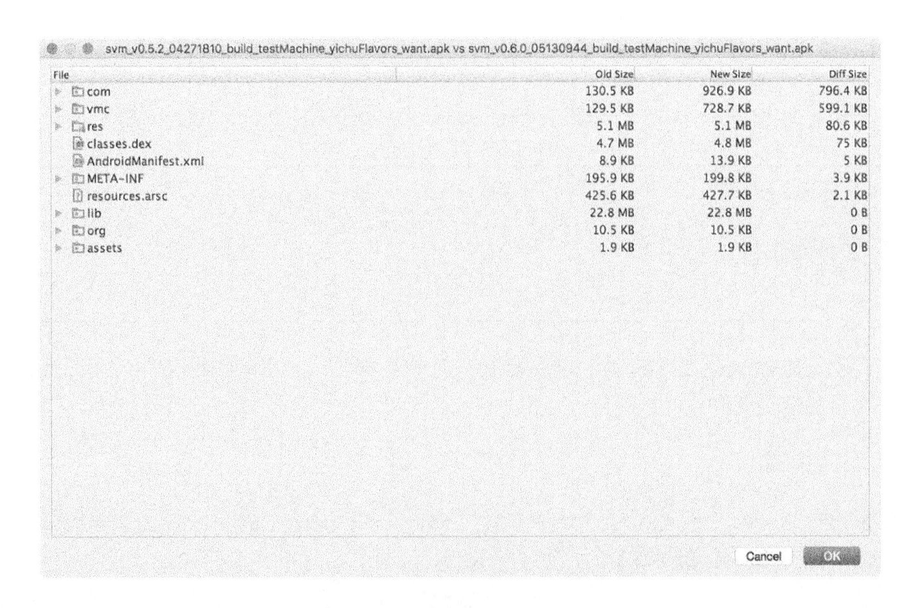

svm_v0.5.2_04271810_build_testMachine_yichuFlavors_want.apk vs svm_v0.6.0_05130944_build_testMachine_yichuFlavors_want.apk

File	Old Size	New Size	Diff Size
com	130.5 KB	926.9 KB	796.4 KB
vmc	129.5 KB	728.7 KB	599.1 KB
res	5.1 MB	5.1 MB	80.6 KB
classes.dex	4.7 MB	4.8 MB	75 KB
AndroidManifest.xml	8.9 KB	13.9 KB	5 KB
META-INF	195.9 KB	199.8 KB	3.9 KB
resources.arsc	425.6 KB	427.7 KB	2.1 KB
lib	22.8 MB	22.8 MB	0 B
org	10.5 KB	10.5 KB	0 B
assets	1.9 KB	1.9 KB	0 B

Cancel　OK

图27-15

27.1.5 利用工具减少APP大小

使用下面的工具可以减少 APP 的大小。

- 使用 Lint 扫描可以发现冗余的代码和资源文件，然后手动删除。
- 利用 AndroidStudio 集成的编译工具可以减少 APP 的大小。

（1）删除无用代码和资源。

在 APP 的 build.gradle 文件中，进行以下设置。

```
buildTypes {
        release {
            //开启混淆功能，删除无用代码
            minifyEnabled true

            //编译时移除不用资源
            shrinkResources true

            signingConfig signingConfigs.release
            proguardFiles getDefaultProguardFile( 'proguard-android.txt '),
            'proguard- rules.pro'
        }
        …
}
```

如果应用不需要支持国际化，那么可以设置 resConfigs 为“zh”和“en”，即只支持中英文。

```
defaultConfig {
    ...
    resConfigs "zh","en"
}
```

Google 官方的支持库默认是支持国际化的，其中包含了很多不同语言的资源文件，可以通过上述设置移除用不到的语言资源文件。

（2）剔除无用的依赖库。

Android Studio 的“Project”视图显示了一个名为“External libraries”的区域，在这里可以查看工程中使用的所有库，包括任何传递依赖库，如图 27-16 所示。

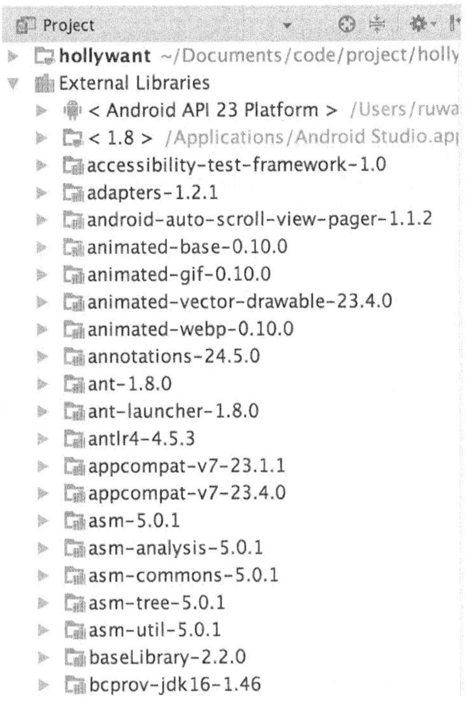

图27-16

从这里可以看到所有模块的依赖库。如果只想看其中某个模块，如图 27-17 中 liba_odoo_api 的依赖库。

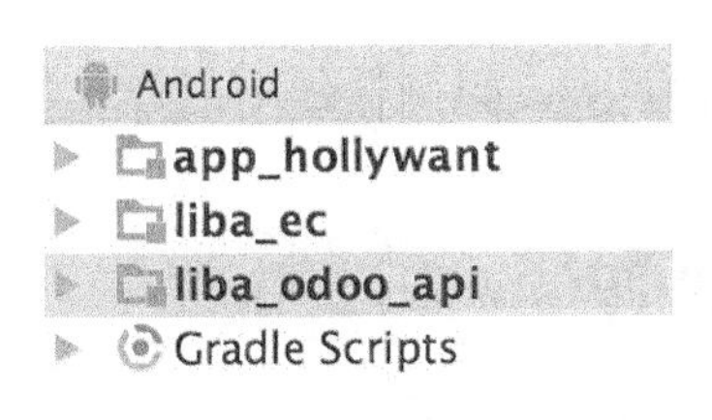

图27-17

可以使用如下命令：

```
./gradlew -q :liba_odoo_api:dependencies --configuration compile
```

结果如下：

```
------------------------------------------------------------
Project :liba_odoo_api
------------------------------------------------------------

compile - Classpath for compiling the main sources.
+--- com.android.support:appcompat-v7:23.1.1
|    \--- com.android.support:support-v4:23.1.1
|         \--- com.android.support:support-annotations:23.1.1
+--- com.google.code.gson:gson:2.5
+--- com.want.model:http:2.0-SNAPSHOT
+--- com.mcxiaoke.volley:library:1.0.15
+--- com.squareup.okhttp:okhttp:2.4.0
|    \--- com.squareup.okio:okio:1.4.0
+--- com.squareup.okhttp:okhttp-urlconnection:2.4.0
|    \--- com.squareup.okhttp:okhttp:2.4.0 (*)
+--- com.want.core:log:1.2
\--- com.android.support:design:23.1.1
     +--- com.android.support:appcompat-v7:23.1.1 (*)
     +--- com.android.support:recyclerview-v7:23.1.1
     |    +--- com.android.support:support-annotations:23.1.1
     |    \--- com.android.support:support-v4:23.1.1 (*)
     \--- com.android.support:support-v4:23.1.1 (*)

(*) - dependencies omitted (listed previously)
```

从中可以找到不需要的依赖库，然后通过 exclude 单独剔除相应依赖。

如 v7 包也会依赖 v4 包，如果不需要 v4 包，就可通过 exclude 单独剔除相应依赖，代码如下：

```
compile ('com.android.support:appcompat-v7:23.1.1') {
    exclude module:  'support-v4 '
}
```

这样利用编译工具，也可以有效减少 APP 的大小。

27.2　减少APP使用的网络流量

减少 APP 使用的网络流量，可以采用以下方案。

（1）目前用户基本都是通过网络下载 APP 和更新 APP 版本，减少 APP 大小，就可以有效地减少消耗的网络流量。

（2）采用增量升级方式升级 APP 版本，这样即使 APP 有 10MB 大小，但如果改动部分只有 10KB，利用增量升级功能，用户只需下载 10KB 的数据，就可以实现 APP 版本的升级，这样也可以有效减少消耗的网络流量。

（3）APP 与服务器间传输数据时，使用数据量小的数据格式。如 JSON 格式的数据量就比 XML 格式的数据量小，ProtoBuffer 格式的数据量比 JSON 格式的还要小。

(4) APP 尽量减少向服务器发送请求的次数，能合并的接口尽量合并。每发一次请求，双方就都需要至少向对方发送一次 HTTP 的头字段数据。如果连接断开了，还要多个和服务器的握手过程，这些都会多消耗网络流量。

(5) APP 与服务器交互的每个接口的数据结构都尽量简单，每个字段对应的内容也尽量简短。服务器向 APP 传输数据时，只传输 APP 用到的数据，无用的数据不传输给 APP，不但可以减少流量消耗，还可以减少 APP 解析数据的时间。

(6) 服务器把图片数据传递给 APP 的时候，先按之前描述的方式减少图片所占空间的大小，同时把图片压缩成 APP 需要的尺寸后再传给 APP，不但可以减少流量消耗，还可以减少解析图片使用的内存。

(7) 使用缓存机制，从内存或本地存储中获取数据，就不需要每次都从服务器获取数据，从而减少消耗的网络流量。

(8) 除了 APP 自身的升级采用增量升级外，APP 使用的数据更新也采用增量升级方式，以减少消耗的网络流量。如许多 APP 中都保存有全国的行政地址数据，全部的地址数据量很大，但每次发生变化的数据是很少的，就可以只从服务器获取变化部分的数据，这样就有效地减少了消耗的网络流量。

(9) 服务器向 APP 传递数据时，最好采用 gzip 格式，就是先压缩后再传给 APP，以减少数据流量。

(10) 在网络状态不好的情况下，服务器可以传递低质量的图片给 APP，或让用户可以在部分界面选择无图片模式，以减少网络流量。

(11) APP 从服务器下载文件或上传文件给服务器时，应支持断点续传功能，可以减少许多重复的网络流量消耗。

(12) 如果 APP 与服务器间实时性数据传输的要求不高的话，慎用长连接。长连接需要双方不断地发送链路检测包，这也会消耗网络流量。

27.3 内存优化

27.3.1 节省内存

以下是一些节省内存的方法。

(1) 当 UI 不可见时，释放相关资源。

- 在 Activity 的 onPause() 方法中停止动画、停止视频播放、停止获取和传递设备当前的经纬度给服务器等。
- 在 Activity 的 onStop() 方法中取消当前界面的网络请求等。

- 在 onTrimMemory() 方法中，接收到 TRIM_MEMORY_UI_HIDDEN 信号时释放 UI 使用的内存资源，如图片占据的内存，这样减少内存消耗，也可避免被系统回收此 APP 使用的内存。

注意：onTrimMemory() 方法中的 TRIM_MEMORY_UI_HIDDEN 回调只有当程序中的所有 UI 组件全部不可见的时候才会触发，这和 onStop() 方法还是有很大区别的，onStop() 方法只是当一个 Activity 完全不可见的时候调用，比如说用户打开了程序中的另一个 Activity。

- 可以在 onStop() 方法中去释放一些 Activity 相关的资源，如取消网络连接或者注销广播接收器等，但是像 UI 相关的资源应该一直要等到 onTrimMemory（TRIM_MEMORY_UI_HIDDEN）这个回调之后才去释放，这样可以保证如果用户只是从程序的一个 Activity 回到了另外一个 Activity，界面相关的资源都不需要重新加载，从而提升响应速度。

（2）在解码 JPG、PNG 和 GIF 等格式的图片时，通过设置图片位数可以有效减少使用的内存。

如 Glide 中默认的图片解码位数是 32 位，也就是用 4 个字节描述一个像素点的数据。

```
public static final DecodeFormat DEFAULT = PREFER_ARGB_8888
```

当 APP 检测到当前可用的内存少或屏幕的分辨率低时，可以降低图片的质量，就是降低图片的位数，如设置成 PREFER_RGB_565，用 2 个字节描述一个像素的数据，这样消耗的内存少了一半。

（3）内存紧张时释放资源。

对于运行中的程序，如果内存紧张，会在 onTrimMemory（int level）回调方法中接收到以下级别的信号。

- TRIM_MEMORY_RUNNING_MODERATE：系统可用内存较低，正在杀掉 LRU 缓存中的进程。而当前进程正在运行，没有被杀掉的危险。
- TRIM_MEMORY_RUNNING_LOW：系统可用内存更加紧张，程序虽然暂没有被杀死的危险，但是应该尽量释放一些资源，以提升系统的性能（这也会直接影响程序的性能）。
- TRIM_MEMORY_RUNNING_CRITICAL：系统内存极度紧张，而 LRU 缓存中的大部分进程已被杀死，如果仍然无法获得足够的资源的话，接下来会清理掉 LRU 中的所有进程，并且开始杀死一些系统通常会保留的进程，比如后台运行的服务等。

当程序未在运行，并保留在 LRU（Least-Recently Used ）缓存中时，在 onTrimMemory（int level）中会返回以下级别的信号。

- TRIM_MEMORY_BACKGROUND：系统可用内存低，而程序处在 LRU 的顶端，因此暂时不会被杀死，但是此时应释放一些程序再次打开时比较容易恢复的 UI 资源。
- TRIM_MEMORY_MODERATE：系统可用内存低，程序处于 LRU 的中部位置，如果内存状态得不到缓解，程序会有被杀死的可能。
- TRIM_MEMORY_COMPLETE：系统可用内存低，程序处于 LRU 尾部，如果系统仍然无法回收足够的内存资源，程序将首先被杀死。此时应释放无助于恢复程序状态的所有资源。

（4）不要在执行频率很高的方法或者循环中创建对象，可以使用 HashTable 等创建一组对象容器，从容器中取那些对象，而不用每次 new 与释放。

（5）在代码中正式集成三方库时，最好要对库使用的内存进行评估。

（6）使用 Android 系统提供的优化过的数据结构。如 SparseArray、SparseBooleanArray 和 LongSparseArray 等，相比 Java 提供的 HashMap，这些数据结构更节省内存。

（7）少用枚举变量，按 Google 官方文档的说法，枚举类型变量的内存消耗常比静态常量的 2 倍还多。

（8）尽量少使用 static 类型变量。

static 类型变量的生命周期其实是和 APP 的生命周期是一样的。大量使用的话，就会导致大量内存无法被释放，容易出现内存不足的情况。

（9）使用 View 缓存。

在 ListView 和 GridView 中，列表中的很多项（convertView）是可以重用的，不需要每次调用 getView 方法都重新申请一次内存。

（10）当有较多的字符串需要拼接的时候，推荐使用 StringBuffer 类。

（11）开启线程数量不易过多，一般与（机器内核数 +1）一样最好，推荐开启线程的时候使用线程池。

（12）在加载网络图片的时候，使用软引用或者弱引用并进行本地缓存。

（13）慎用多进程，一个不执行任何任务的空进程至少也要占用 1.4 MB 内存。

（14）尽可能地复用资源，如 Android 系统本身有很多字符串、颜色、图片、动画、样式以及简单布局等资源可以直接使用，同时要尽量复用 style 等资源以达到节约内存。

（15）尽量优化的代码，减少冗余代码。

Java 中每个类（包括匿名内部类）都占用至少 500 字节左右的代码。

（16）少用强引用，多用软引用或弱引用。

27.3.2 防止内存泄露

使用以下方法可以防止内存泄露。

（1）使用 Service 时，尽量使用 IntentService，这样可以避免忘记关闭 Service，导致内存泄露。

（2）避免一个对象被比它生命周期长的对象持有或引用，这样会导致该对象无法被释放，从而造成内存泄露。

如对一个 Activity Context 保持长生命周期的引用，即使这个 Activity 已经被销毁了，但相关内存仍无法被释放。对于生命周期长的对象，可以使用 Application Context。

非静态内部类的静态实例容易造成内存泄露，这个静态实例的生命周期超过了类本身。如 Activity 中的一些特殊 Handler 等，尽量使用静态类和弱引用来处理。

（3）避免因代码设计错误造成的内存泄露。如循环引用：A 持有 B、B 持有 C、C 又持有 A。

（4）BroadCastReceiver 要记得注销处理。

（5）在 Activity 的 onDestroy 方法中调用 handler.removeCallbacksAndMessages（null），取消所有消息的处理，将所有的 Callbacks 和 Messages 全部清除掉。

（6）线程不需要再继续执行的时候，要记得及时关闭。

如在 Activity 中关联了一个生命周期超过 Activity 的 Thread，在退出 Activity 时切记结束线程。像 HandlerThread 的 run 方法是一个死循环，它不会自己结束，线程的生命周期超过了 Activity 生命周期，必须手动在 Activity 的销毁方法中调用 thread.getLooper().quit() 结束。

（7）在退出应用的时候，记得关闭不用的 I/O 流和数据库等。

27.3.3　防止OOM

采用以下方案可以有效防止 OOM 的情况发生。

- 如做到了有效节省内存和防止内存泄露，那就极大地降低了 OOM 发生的概率。
- 不要加载过大的 Bitmap 对象。
- 获取大量数据时，最好分批获取，不要一次性获取，同时进行缓存设计。

注意：可以使用 getMemoryClass() 来获取 APP 被分配的可用内存。

27.4　UI性能优化

采用以下方案可实现 UI 性能优化。

- 通过 <include> 标签嵌入布局。
- 使用 Fragment 复用布局。
- 通过 <merge> 标签减少布局层次。
- 使用 ViewStub 减少创建布局时加载的资源。
- 使用 android:visibility="gone" 代替 android:visibility="invisibility"，减少布局时要处理的控件。

- 在某个方向上使用了 weight，那在对应的方向上设置 android:layout_width="0dp" 或者 android:layout_height="0dp"，以减少布局时的运算量。
- 尽量避免在 OnMeasure（测量）、OnLayout（布局）和 OnDraw（绘制）方法中做过于耗时及耗内存的操作，及减少这些方法被调用的次数。
- 避免不必要的 android:background 属性设置或代码中对背景的设置。父视图和子视图的背景色是一样的时候，子视图中不必再设置背景。尤其是用 <include> 这种方式嵌入布局的时候，注意嵌入的布局文件中是否重复设置背景。
- 使用 clipRect 方法绘制特定区域，而不是整个界面绘制，以减少绘制的工作量。
- 在 ListView 等列表组件中，尽量避免使用 LinearLayout 的 layout_weight 属性。
- 尽量减少布局的嵌套层数。如包含一个 ImageView 控件和一个 TextView 控件的线性布局，可以利用 TextView 控件的 Compound Drawable 特性，只用一个 TextView 控件实现同样的效果。

27.5 电量优化

电量优化的方案如下所述。

- 网络流量优化，预置资源优化、代码优化和 UI 性能优化可以有效降低电量消耗。
- 使用定位功能时，降低定位频率可以降低电量消耗。
- 使用网络定位，比通过 GPS 定位省电。
- 降低传感器的采样频率可以降低电量消耗。
- 合理设置屏幕亮度的等级和亮屏时间可以减少电量消耗。

27.6 运行速度优化

采用以下方案可以优化运行速度。

- Short 数组排序远快于其他类型数组，在条件允许的情况下优先使用 Short 数组。
- 能用 32 位类型数据，就不要用 64 位类型数据。
- 能用整型数据，就不要使用浮点类型数据 。
- 能用乘法，就不要使用除法 。
- 对象序列化时，使用 Google 推荐的 Parcelable，而不是用 Serializable。

27.7　性能优化工具

27.7.1　Android Studio自带工具

Android Studio 自带两种工具，具体如下所述。

（1）选择 Analyze->Inspect Code，可以使用 Lint 对代码、布局文件和资源文件从语法、内存使用、性能和冗余性等方面进行静态分析，结果如图 27-18 所示。

- **Android** (42 items)
- **Android > Lint > Accessibility** (151 items)
- **Android > Lint > Correctness** (206 items)
- **Android > Lint > Internationalization** (228 items)
- **Android > Lint > Internationalization > Bidirectional Text** (671 items)
- **Android > Lint > Performance** (134 items)
- **Android > Lint > Security** (4 items)
- **Android > Lint > Usability** (11 items)
- **Android > Lint > Usability > Icons** (7 items)
- **Android > Lint > Usability > Typography** (11 items)
- **Assignment issues** (6 items)
- **Bitwise operation issues** (1 item)
- **Class structure** (95 items)
- **Code maturity issues** (110 items)
- **Compiler issues** (20 items)
- **Control flow issues** (19 items)
- **Data flow issues** (30 items)
- **Declaration redundancy** (2,294 items)
- **Error handling** (5 items)
- **General** (16 items)
- **Imports** (196 items)
- **J2ME issues** (9 items)
- **Java language level migration aids** (46 items)
- **Javadoc issues** (733 items)
- **Performance issues** (53 items)
- **Probable bugs** (188 items)
- **Spelling** (2,545 items)
- **Visibility issues** (1 item)
- **XML** (145 items)

图27-18

（2）选择 Tools->Android->Android Device Monitor，然后可以选择 Hierarchy Viewer 进行布局优化；选择 DDMS->Allocation Tracker 进行内存优化；选择 DDMS，然后从左边的进程列表中，选择一个进程，接着单击上面的 Start Method Profiling 按钮（红色小点变为黑色即开始运行），进行运行速度优化，如图 27-19 所示。

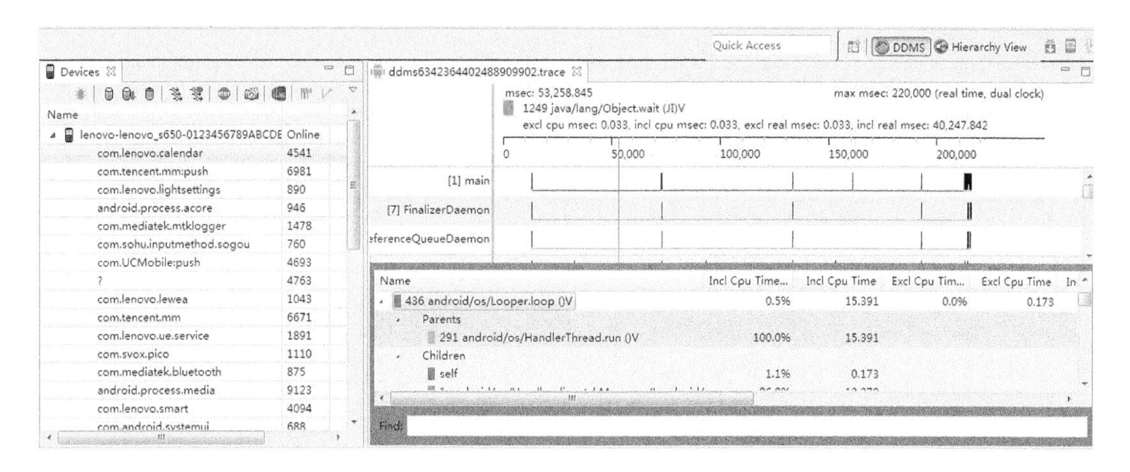

图27-19

27.7.2 Android系统工具

对于 UI 性能的优化还可以选择系统自带的调试 GPU 过度绘制工具来进行分析。选择【设置】->【开发者选项】->【调试 GPU 过度绘制】(不同设备可能位置或者名称不同)，可以看见如图 27-20 所示的界面。

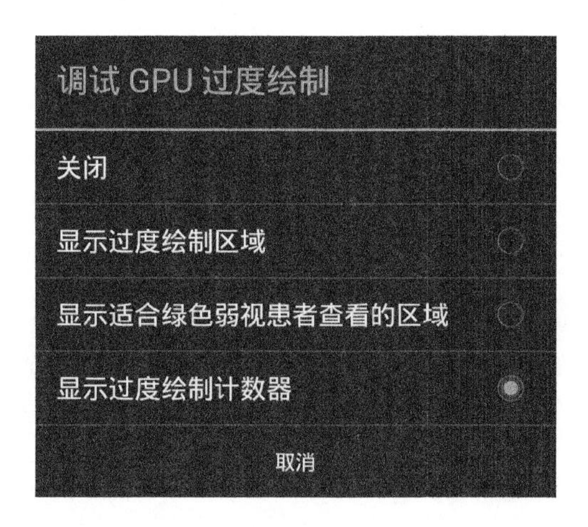

图27-20

显示过度绘制区域选项是在屏幕上用不同的颜色表示过度绘制的程度；显示过度绘制计数器选项是在屏幕左下角显示一个数字表示过度绘制的程度，如 3.74x（这项功能在 Android 4.4 版本以上的系统中被取消了）。这两者之间的对应关系如表 27-1 所示。

表 27-1

颜　色	含　义
蓝色	1.XXx 过度绘制
绿色	2.XXx 过度绘制
淡红色	3.XXx 过度绘制
红色	4.XXx 过度绘制

由表 27-1 可知，数字越大过度绘制情况越严重，最好数字不要超过 3.00x，也就是如果选择显示过度绘制区域这项功能，则屏幕上没有红色区域。

27.7.3　三方工具

可以使用以下三方工具优化 APP 性能。

- LeakCanary，内存泄露分析工具。在 APP 中集成了 LeakGanary 功能库后，使用 APP 的时候如有内存泄露的情况发生，在设备的桌面会添加一个名为“Leaks”图标，点击此图标，会显示在 APP 的哪个界面发生了内存泄露。
- ProGuard，之前已经介绍过可以在编译时剔除无用的代码和资源文件。
- OneAPM，可以监控方法的执行时间、APP 向服务器发送的每个请求的响应速度和传输数据量等性能。

第28章 Log功能设计

28.1　Log输出控制

控制 APP 是否输出 Log 可以采用以下两种方案。

（1）Debug 版本输出 Log，Release 版本不输出 Log。

A 通过 BuildConfig.DEBUG 的值控制是否输出 Log。

```
public class MyLog {
    private static final String TAG = "MyApp";

    public static void v(String tag, String msg){
        if(BuildConfig.DEBUG){
            if(tag == "") {
                Log.v(TAG, msg);
            }else {
                Log.v(tag, msg);
            }
        }
    }
    ...
}
```

B 在混淆配置文件中，将类 Android.util.Log 的方法设置为无效代码。

```
-assumenosideeffects class android.util.Log {
public static int v(...);
      public static int i(...);
      public static int w(...);
      public static int d(...);
      public static int e(...);
}
```

这种方式不仅可以控制 Release 版本不输出 Log，还能减小 Release 版本所占空间大小。

需要注意的是，在混淆配置文件中不能有关闭优化的配置 -dontoptimize，否则上述方法将无效。

（2）Debug 版本输出 Log，Release 版本只在特定场景下输出 Log。

通过特定变量的值控制是否输出 Log。如在 Debug 版本中，IsEnableLog 的值为 true；在 Release 版本中默认为 false，但通过特别的方式，如连续多次点击某个区域，IsEnableLog 的值也会变为 true，这样在 Release 版本中也可以输出 Log，代码如下所示：

```
public class MyLog {
    private static final String TAG = "MyApp";

    public static void v(String tag, String msg){
        if(IsEnableLog){
            if(tag == "") {
                Log.v(TAG, msg);
            }else {
                Log.v(tag, msg);
            }
        }
    }
    ...
}
```

注意：有时会出现 Debug 版本没有问题，但 Release 版本有问题的情况，按上述方式，就比较容易处理这种情况。

28.2 注意事项

在开发过程中，需要注意以下事项。

（1）在开发串口通讯的 APP 时，串口会用于设备通讯，不能用于 ADB 功能连接电脑输出 Log。这样需要通过提示框的形式显示 Log，或把 Log 以文本文件形式保存在设备中，然后查看此文本文件了解 Log。

（2）在开发串口通讯的 APP 时，设备收到对方的数据时，通常要在极短的时间内反馈给对方数据，如果输出的 Log 数据过多，可能占用过多系统资源，导致设备不能及时响应接收到的数据，造成通讯失败。

28.3 Log数据的格式化

大部分 APP 与服务器间传输数据都采用 JSON 格式数据，为了方便查看 Log 数据，最好把 JSON 数据格式化后再输出到 Log 中。

28.4 使用AOP技术输出Log

28.4.1 AOP简介

程序要完成一件事情，一定会有一些步骤，其中的每一个步骤可以认为是一个切面。AOP(Aspect-

Oriented Programming，面向切面编程）就是在两个切面之间，添加代码。

在开发过程中，有些功能是各模块都需要的，如打印 Log、统计方法的执行时间等，这样的功能代码可能会在各模块中都有，导致代码的深度耦合，维护很不方便。

利用 AOP 可以把这样的功能代码集中起来，放到一个统一的地方来控制和管理，降低代码间的耦合度，使得代码易于维护，提高了开发的效率。

AOP 技术一些常用的术语如下：

Advice：注入到 class 文件中的代码。典型的 Advice 方式有 before、after 和 around，表示在目标方法执行之前、执行后和执行前后同时注入代码。

Joint point：程序中代码可以注入的地方，例如一个方法调用或者方法入口。

Pointcut：告诉代码注入工具，在何处注入一段特定代码。例如，在哪些 joint points 应用一个特定的 Advice。Pointcut 可以选择某一个方法，也可以是多个方法。

Weaving：注入代码 (advices) 到目标位置 (joint points) 的过程。

可以利用 AspectJ、Javassist for Android 和 DexMaker 等使用 AOP 技术，其中 AspectJ 易于使用，以下介绍 AspectJ 的使用方法。

28.4.2 AOP技术的使用

在工程里添加一个名为“liba_aspectj”的 Module，包含 AspectJ 相关功能代码，如图 28-1 所示：

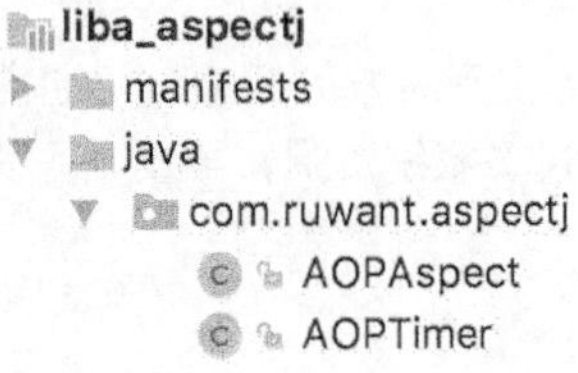

```
liba_aspectj
  ▶ manifests
  ▼ java
    ▼ com.ruwant.aspectj
        AOPAspect
        AOPTimer
```

图28-1

AOPAspect.java 里是 AspectJ 功能代码，AOPTimer.java 里是计时功能代码。

此 Module 的 build.gradle 文件内容如下：

```
import com.android.build.gradle.LibraryPlugin
import org.aspectj.bridge.IMessage
import org.aspectj.bridge.MessageHandler
import org.aspectj.tools.ajc.Main

apply plugin: 'com.android.library'
```

```
buildscript {
    repositories {
        jcenter()
    }
    dependencies {
        classpath 'com.android.tools.build:gradle:2.1.0'
        classpath 'org.aspectj:aspectjtools:1.8.9'
        classpath 'org.aspectj:aspectjweaver:1.8.9'
    }
}

repositories {
    mavenCentral()
}
dependencies {
    compile 'org.aspectj:aspectjrt:1.8.9'
    compile 'com.android.support:appcompat-v7:22.2.1'
}
android {
    compileSdkVersion 23
    buildToolsVersion '23.0.2'

    lintOptions {
        abortOnError false
    }

}
android.libraryVariants.all { variant ->
    LibraryPlugin plugin = project.plugins.getPlugin(LibraryPlugin)
    JavaCompile javaCompile = variant.javaCompile
    javaCompile.doLast {
        String[] args = ["-showWeaveInfo",
                         "-1.8",//当前使用的JDK版本
                         "-inpath", javaCompile.destinationDir.toString(),
                         "-aspectpath", javaCompile.classpath.asPath,
                         "-d", javaCompile.destinationDir.toString(),
                         "-classpath", javaCompile.classpath.asPath,
                         "-bootclasspath", plugin.project.android.bootClasspath.join(
                         File.pathSeparator)]

        MessageHandler handler = new MessageHandler(true);
        new Main().run(args, handler)
```

```
            def log = project.logger
            for (IMessage message : handler.getMessages(null, true)) {
                switch (message.getKind()) {
                    case IMessage.ABORT:
                    case IMessage.ERROR:
                    case IMessage.FAIL:
                        log.error message.message, message.thrown
                        break;
                    case IMessage.WARNING:
                    case IMessage.INFO:
                        log.info message.message, message.thrown
                        break;
                    case IMessage.DEBUG:
                        log.debug message.message, message.thrown
                        break;
                }
            }
        }
    }
```

如要在 application 模块的代码里使用 AspectJ 库，需要在 build.gradle 文件里添加如下代码：

```
import org.aspectj.bridge.IMessage
import org.aspectj.bridge.MessageHandler
import org.aspectj.tools.ajc.Main

buildscript {
    repositories {
        mavenCentral()
    }
    dependencies {
        classpath 'org.aspectj:aspectjtools:1.8.9'
    }
}

apply plugin: 'com.android.application'

dependencies {
    compile project(':liba_aspectj')
}
...
final def log = project.logger
final def variants = project.android.applicationVariants
```

```
variants.all { variant ->
    if (!variant.buildType.isDebuggable()) {
        log.debug("Skipping non-debuggable build type '${variant.buildType.name}'.")
        return;
    }

    JavaCompile javaCompile = variant.javaCompile
    javaCompile.doLast {
        String[] args = ["-showWeaveInfo",
                         "-1.8",
                         "-inpath", javaCompile.destinationDir.toString(),
                         "-aspectpath", javaCompile.classpath.asPath,
                         "-d", javaCompile.destinationDir.toString(),
                         "-classpath", javaCompile.classpath.asPath,
                         "-bootclasspath", project.android.bootClasspath.join(File.
                          pathSeparator)]
        log.debug "ajc args: " + Arrays.toString(args)

        MessageHandler handler = new MessageHandler(true);
        new Main().run(args, handler);
        for (IMessage message : handler.getMessages(null, true)) {
            switch (message.getKind()) {
                case IMessage.ABORT:
                case IMessage.ERROR:
                case IMessage.FAIL:
                    log.error message.message, message.thrown
                    break;
                case IMessage.WARNING:
                    log.warn message.message, message.thrown
                    break;
                case IMessage.INFO:
                    log.info message.message, message.thrown
                    break;
                case IMessage.DEBUG:
                    log.debug message.message, message.thrown
                    break;
            }
        }
    }
}
```

如要在 library 模块的代码里使用 AspectJ 库，需要在 build.gradle 文件里添加如下代码：

```
import com.android.build.gradle.LibraryPlugin
import org.aspectj.bridge.IMessage
import org.aspectj.bridge.MessageHandler
import org.aspectj.tools.ajc.Main

buildscript {
    repositories {
        mavenCentral()
    }
    dependencies {
        classpath 'org.aspectj:aspectjtools:1.8.9'
    }
}

apply plugin: 'com.android.library'
...
dependencies {
       compile project(':liba_aspectj')
}

android.libraryVariants.all { variant ->
    LibraryPlugin plugin = project.plugins.getPlugin(LibraryPlugin)
    JavaCompile javaCompile = variant.javaCompile
    javaCompile.doLast {
        String[] args = ["-showWeaveInfo",
                         "-1.8",
                         "-inpath", javaCompile.destinationDir.toString(),
                         "-aspectpath", javaCompile.classpath.asPath,
                         "-d", javaCompile.destinationDir.toString(),
                         "-classpath", javaCompile.classpath.asPath,
                         "-bootclasspath", plugin.project.android.bootClasspath.join(
                         File.pathSeparator)]

        MessageHandler handler = new MessageHandler(true);
        new Main().run(args, handler)

        def log = project.logger
        for (IMessage message : handler.getMessages(null, true)) {
            switch (message.getKind()) {
                case IMessage.ABORT:
                case IMessage.ERROR:
```

```
                case IMessage.FAIL:
                    log.error message.message, message.thrown
                    break;
                case IMessage.WARNING:
                case IMessage.INFO:
                    log.info message.message, message.thrown
                    break;
                case IMessage.DEBUG:
                    log.debug message.message, message.thrown
                    break;
            }
        }
    }
}
```

如要注入代码，需要先定义 Pointcut，常用的指令格式如下所示：

execution(modifiers−pattern ？ ret−type−pattern declaring−type−pattern ？

name−pattern(param−pattern) throws−pattern ？)

- modifiers−pattern：修饰符
- ret−type−pattern：方法的返回值类型
- declaring−type−pattern：方法所属的包名或类名
- name−pattern：方法名
- param−pattern：方法参数
- throws−pattern：方法抛出的异常类型

注意：带？表示参数是可选项。

使用的最多的返回类型模式是 *，表示匹配任意的返回类型。

方法参数的具体表示：

() 匹配了一个不接受任何参数的方法

(..) 匹配了一个接受任意数量参数的方法（零或者更多）

(*) 匹配了一个接受一个任何类型的参数的方法

(*,String) 匹配了一个接受两个参数的方法，第一个可以是任意类型，第二个则必须是 String 类型。

如工程中包含如图 28−2 所示的包和类：

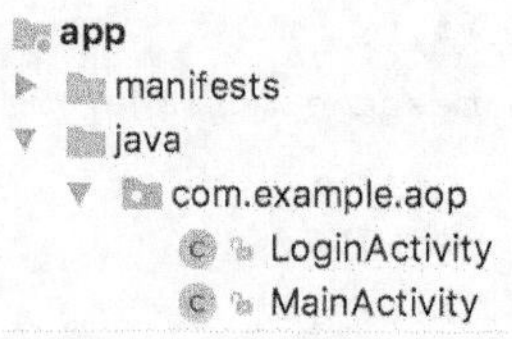

app
manifests
java
com.example.aop
LoginActivity
MainActivity

图28-2

在 MainActivity.java 中有如下代码：

```
@Override
protected void onCreate(Bundle savedInstanceState) {
    super.onCreate(savedInstanceState);
    setContentView(R.layout.activity_main);
    Toolbar toolbar = (Toolbar) findViewById(R.id.toolbar);
    setSupportActionBar(toolbar);

    initVariables();
    initViews();
    loadData();
}

public void initVariables() {
    …
}

public void initViews () {
    …
}

public void loadData () {
    …
}

public void logIn() {
    Intent intent = new Intent(MainActivity.this, LoginActivity.class);
    startActivity(intent);
}
```

在 LoginActivity.java 中定义了以下方法：

```
@Override
protected void onCreate(Bundle savedInstanceState) {
    super.onCreate(savedInstanceState);
```

```
        setContentView(R.layout.activity_login);
    }

    @Override
    public void finish(){
        super.finish();
    }

    @Override
    public void onBackPressed(){
        super.onBackPressed();
    }
```

想要输出 com.example.aop 包里所有 onCreate 方法的执行时间，按如下方式定义 Pointcut：

```
    private static final String POINT_METHOD =
    "execution(* com.example.aop.*.onCreate(..))";
```

之前提到，注入代码的方式有 before、after 和 around 3 种，表示在目标方法执行之前、执行后和执行前后同时注入代码。

统计方法的执行时间采用 around 方式比较方便，具体的实现方法如下所示：

```
    @Pointcut(POINT_METHOD)
    public void methodAnnotated(){}

    @Around("methodAnnotated()")
    public Object aroundWeaverPoint(ProceedingJoinPoint joinPoint) throws Throwable
    {
        String className;
        String methodName;

        //获取目标方法所属的类名
        className = joinPoint.getThis().getClass().getName();

        //获取目标方法名称
        MethodSignature methodSignature = (MethodSignature) joinPoint.getSignature();
        methodName = methodSignature.getName();

        //初始化计时器
        final AOPTimer aopTimer = new AOPTimer();
        //开始监听
        aopTimer.start();
        //调用目标方法
        Object result = joinPoint.proceed();
```

```
        //监听结束
        aopTimer.stop();

        String msg = buildLogMessage(className, methodName,    aopTimer.getTotalTime());
        Log.v(TAG,msg);

        return result;
    }
```

执行结果如图 28-3 所示:

```
12-07 07:45:03.649 13229-13229/com.example.aop V/AOPAspect: com.example.aop.MainActivity
                                                            onCreate-->[1539.0ms]
12-07 07:45:04.729 13229-13229/com.example.aop V/AOPAspect: com.example.aop.LoginActivity
                                                            onCreate-->[45.0ms]
```

图28-3

有时需要跟踪程序代码是怎样运行的，各方法按怎样的顺序被调用的，以及所有方法的执行时间，按如下方式定义 Pointcut：

```
private static final String POINT_METHOD = "execution(* com.example.aop.*.*(..))";
```

aroundWeaverPoint 方法代码不需做修改。

执行结果如图 28-4 所示:

```
12-07 07:46:33.109 13291-13291/com.example.aop V/AOPAspect: com.example.aop.MainActivity
                                                            initVariables-->[501.0ms]
12-07 07:46:33.619 13291-13291/com.example.aop V/AOPAspect: com.example.aop.MainActivity
                                                            initViews-->[501.0ms]
12-07 07:46:34.119 13291-13291/com.example.aop V/AOPAspect: com.example.aop.MainActivity
                                                            loadData-->[502.0ms]
12-07 07:46:34.119 13291-13291/com.example.aop V/AOPAspect: com.example.aop.MainActivity
                                                            onCreate-->[1530.0ms]
12-07 07:46:35.259 13291-13291/com.example.aop V/AOPAspect: com.example.aop.MainActivity
                                                            logIn-->[2.0ms]
12-07 07:46:35.309 13291-13291/com.example.aop V/AOPAspect: com.example.aop.LoginActivity
                                                            onCreate-->[50.0ms]
12-07 07:46:39.719 13291-13291/com.example.aop V/AOPAspect: com.example.aop.LoginActivity
                                                            finish-->[1.0ms]
12-07 07:46:39.719 13291-13291/com.example.aop V/AOPAspect: com.example.aop.LoginActivity
                                                            onBackPressed-->[1.0ms]
```

图28-4

（这在阅读他人代码时极为有用，不用通过到处添加 Log 语句或加断点，跟踪方法的执行顺序。）

采用 around 方式还可以不修改方法代码的情况下，修改方法的返回值。

在 MainActivity.java 中添加方法返回一个字符串，代码如下：

```
public String getName() {
    return "test";
}
```

在 loadData 方法中调用此方法，打印此方法的返回内容：

```
public void loadData () {
     Log.v(TAG, "loadData");
     Log.v(TAG, "name=" + getName());
     …
}
```

在 aroundWeaverPoint 方法中做如下修改：

```
@Around("methodAnnotated()")
public Object aroundWeaverPoint(ProceedingJoinPoint joinPoint) throws Throwable {
    …

    //替换原方法的返回值
    if (methodName.equalsIgnoreCase("getName")) {
        return "aop";
    }
    else {
        return result;
    }
}
```

执行结果如图 28-5 所示。

```
12-07 08:30:22.389 13713-13713/com.example.aop V/AOPAspect: loadData
12-07 08:30:22.889 13713-13713/com.example.aop V/AOPAspect: name=aop
```

图28-5

以下介绍 before 和 after 方式的使用。

定义如下 Pointcut：

```
private static final String POINT_BEFORE_METHOD =
"execution(* com.example.aop.MainActivity.initVariables(..))";

private static final String POINT_AFTER_METHOD =
"execution(* com.example.aop.MainActivity.initViews(..))";
```

具体的实现方法如下所示：

```
@Pointcut(POINT_BEFORE_METHOD)
public void methodCallAnnotated(){}

@Pointcut(POINT_AFTER_METHOD)
```

```
public void methodAnootatedWith(){}

@Before("methodCallAnnotated()")
public void beforeCall(JoinPoint joinPoint){
    Log.v(TAG, "beforeCall" + joinPoint.toShortString());
}

@After("methodAnootatedWith()")
public void afterCall(JoinPoint joinPoint) throws Throwable{
    Log.v(TAG, "afterCall" + joinPoint.toShortString());
}
```

在 initVariables 和 initViews 方法中添加 Log 输出代码：

```
public void initVariables() {
    Log.v(TAG, "entry initVariables");
    ...

}

public void initViews () {
...
    Log.v(TAG, "exit initViews");
}
```

执行结果如图 28-6 所示：

```
12-07 08:40:16.729 13926-13926/com.example.aop V/AOPAspect: beforeCallexecution(MainActivity.initVariables())
12-07 08:40:16.729 13926-13926/com.example.aop V/AOPAspect: entry initVariables
12-07 08:40:17.739 13926-13926/com.example.aop V/AOPAspect: exit initViews
12-07 08:40:17.739 13926-13926/com.example.aop V/AOPAspect: afterCallexecution(MainActivity.initViews())
```

图28-6

AOPAspect.java 的完整代码如下：

```
package com.ruwant.aspectj;

import android.util.Log;

import org.aspectj.lang.JoinPoint;
import org.aspectj.lang.ProceedingJoinPoint;
import org.aspectj.lang.annotation.After;
import org.aspectj.lang.annotation.Around;
import org.aspectj.lang.annotation.Aspect;
import org.aspectj.lang.annotation.Before;
import org.aspectj.lang.annotation.Pointcut;
import org.aspectj.lang.reflect.MethodSignature;
```

```
@Aspect
public class AOPAspect {

    private String TAG = "AOPAspect";

    //private static final String POINT_METHOD = "execution(* com.example.aop.*.onCreate(..))";

    private static final String POINT_METHOD = "execution(* com.example.aop.*.*(..))";

    private static final String POINT_BEFORE_METHOD = "execution(* com.example.aop.
    MainActivity.initVariables(..))";

    private static final String POINT_AFTER_METHOD = "execution(* com.example.aop.
    MainActivity.initViews(..))";

    @Pointcut(POINT_METHOD)
    public void methodAnnotated(){}

    @Pointcut(POINT_BEFORE_METHOD)
    public void methodCallAnnotated(){}

    @Pointcut(POINT_AFTER_METHOD)
    public void methodAnootatedWith(){}

    @Around("methodAnnotated()")
    public Object aroundWeaverPoint(ProceedingJoinPoint joinPoint) throws Throwable {
        String className;
        String methodName;

        //获取目标方法所属的类名
        className = joinPoint.getThis().getClass().getName();

        //获取目标方法名称
        MethodSignature methodSignature = (MethodSignature) joinPoint.getSignature();
        methodName = methodSignature.getName();

        //初始化计时器
        final AOPTimer aopTimer = new AOPTimer();
        //开始监听
        aopTimer.start();
        //调用目标方法
        Object result = joinPoint.proceed();
        //监听结束
```

```
        aopTimer.stop();

        String msg =  buildLogMessage(className, methodName, aopTimer.getTotalTime());
        Log.v(TAG,msg);

        //替换原方法的返回值
        if (methodName.equalsIgnoreCase("getName")) {
            return "aop";
        }
        else {
            return result;
        }
    }

    @Before("methodCallAnnotated()")
    public void beforeCall(JoinPoint joinPoint){
        Log.v(TAG, "beforeCall" + joinPoint.toShortString());
    }

    @After("methodAnootatedWith()")
    public void afterCall(JoinPoint joinPoint) throws Throwable{
        Log.v(TAG, "afterCall" + joinPoint.toShortString());
    }

    private String buildLogMessage(String className, String methodName, double
    methodDuration) {
        StringBuilder message = new StringBuilder();
        message.append(className + "\n");
        message.append(methodName);
        message.append("-->");
        message.append("["];
        message.append(methodDuration);
        message.append("ms)\n");

        return message.toString();
    }
}
```

AOPTimer.java 的代码如下：

```
package com.ruwant.aspectj;

import java.util.concurrent.TimeUnit;
```

```
public class AOPTimer {
  private long startTime;
  private long endTime;
  private long elapsedTime;

  public AOPTimer() {
  }

  private void reset() {
    startTime = 0;
    endTime = 0;
    elapsedTime = 0;
  }

  public void start() {
    reset();
    startTime = System.nanoTime();
  }

  public void stop() {
    if (startTime != 0) {
      endTime = System.nanoTime();
      elapsedTime = endTime - startTime;
    } else {
      reset();
    }
  }

  public long getTotalTime(){
    return (elapsedTime != 0) ? TimeUnit.NANOSECONDS.toMicros(endTime - startTime) /1000: 0;
  }
}
```

第29章 APP版本管理

对于 APP 版本的管理，需要注意以下几个方面。

- 所有正式的版本都应该通过专门的版本服务器编译出来的，不能使用个人电脑编译的版本，且版本服务器的编译环境不能随意变更。
- 编译、打包、签名和加固等环节都应该通过运行代码自动完成，不要人工实现。只要人工介入，就很容易出错。
- 编译、打包、签名和加固等环节完成后，要在代码管理工具的提交日志上加个 Tag，以做记录。
- 因为最终提供给用户使用的版本是 Release 版本，所以研发部门提供给测试部门的版本最好是 Release 版本。
- 研发部门发布版本时，需要告知测试部门此版本做了哪些修改（目前各种自动编译环境也能直接从代码管理工具上获取代码修改记录）。
- 研发部门只把版本给测试部门，产品等其余部门只能从测试部门拿版本，这样拿到的版本都是测试部门验证过的版本，版本的稳定性能得到保证。
- 每发布一个版本后，就从代码管理工具上的代码主干拉个对应的分支，后续的代码继续提交到主干上。
- 对于重大或有风险的修改，可以先发布集成了修改的临时版本供测试部门测试，通过测试后再集成到代码主干上。
- 在测试部门对某个版本进行测试的期间，不能发布新版本给测试部门。只有完成测试了，再提供新版本。
- 测试和正式发布的 APP 通常除了连接的服务器不同，其余都一样。对于公司内部人员，即可能安装测试版，也可能安装正式版，这样如果出现问题，不能立即确定是哪个版本出现了问题。测试版和正式版 APP 可以使用不同的桌面图标，这样就很容易确定使用的版本。

第30章 APP版本更新功能设计

30.1 功能项

30.1.1 服务器端功能

服务器端应实现以下功能。

- 可以从电脑上选择并上传 APK 到服务器。
- 可以编辑和显示更新日志。
- 可以自动读取 APK 中的渠道号、版本号和 APK 大小。
- 可以更新和删除上传到服务器的 APK，也可以暂停更新功能。
- 可以配置通用版本和特定渠道版本（特定渠道版本指适用于 360、豌豆荚或应用宝等某个软件商店的版本）。
- 可以配置更新提示的间隔时间和提示次数。
- 可以配置需要升级的手机机型、手机中的 Android 系统版本、IP 地址和区域等。
- 可以针对特定类别的用户更新版本，实现灰度升级，如安装了特定渠道 APK 的用户、特定型号手机的用户、特定 IP 地址的用户和特定地区的用户等。
- 可以配置是否强制升级。

30.1.2 APP端功能

APP 端应实现以下功能。

- 用户可以手动更新版本，也可以设置是否自动更新，默认为开启状态。
- 如果设置自动更新，则在 APP 启动、显示首页后自动提示用户更新版本。
- 上传渠道号信息、机型、APP 版本号和包名等信息给服务器。
- 如果服务器端配置是强制升级，则 APP 启动后，用户必须要升级，否则不能使用 APP。

30.2 APP和服务器交互

APP 和服务器的交互过程如下所述。

如果是自动更新，APP 启动并进入首页后，向服务器发送 POST 请求，把 APP 的渠道号、用户手机型号、APP 版本号和包名等信息发给服务器；如果是用户手动更新，则用户点击相关功能菜单后，APP 向服务器发送 POST 请求，把 APP 的渠道号、用户手机型号、APP 版本号和包名等信息发给服务器。

发送数据的具体格式如下：

```
{
        "jsonrpc":"2.0",
        "params":{
            "channel":"xxxx",
            "model":"xxxx",
            "version":"xxxx"
            "packagename":"xxxx"
        }
}
```

- "channel"：渠道号，如果值为 ""，表示是通用版本更新。
- "model"：手机型号。
- "packagename "：app 的包名。

服务器收到请求后的响应。

（1）服务器收到请求后，如果处理成功，返回如下数据。

```
{
   "jsonrpc": "2.0",
   "result": {
      "url": "http://xxx/xxx.apk",
      "version": "1.0.1",
      "size": xxxx,
      "fileMd5": "xxxxxxxx",
      "title": "xxxxxxxx"
      "changes": "xxxxxxxx"
      "upgrade": 800,
      "interval": 24,
      "limitTimes": 99
   }
}
```

“fileMd5 ”：根据 APK 包生成的 MD5 值，用于校验 APK 包数据的完整性。

（APP 从服务器下载完 APK 包后，计算出 MD5 值，并和从服务器获取的 MD5 值比较是否一致；只有一致，才会安装下载的 APK 包，否则提示出错。）

- "title "：提示框标题栏显示的文字
- "changes "：服务器端的更新日志
- "upgrade"：800—客户端版本低于 "version" 的值，就提示升级，但不强制升级

  801—强制升级
- "interval"：显示提示信息的时间间隔，以小时为单位，不支持小数；默认为 24 小时
- "limitTimes "：显示提示信息次数，不支持小数；如为 0，则没有限制

（2）如果处理失败，返回如下数据。

```
{
   "jsonrpc": "2.0",
   "result": {
     "error": "xxxxxx"
   }
}
```

如果服务器返回处理成功的数据，APP 把从服务器取得的版本号和自身版本号进行对比，并按“upgrade”的各种数值进行不同的处理；如果服务器返回处理失败的数据，APP 仅显示给用户提示信息。

第31章 APP常用功能设计

31.1 启动界面设计

启动界面的图片可以设计成动态配置的，当服务器更新了显示的图片后，APP 下载并保存到本地，下次启动的时候显示新图片。这样可用于显示广告等信息。

31.1.1 启动界面白屏解决方案

在启动 APP 的时候，因为要花费时间解析布局文件和加载资源，所以会出现短暂的白屏现象。

解决方案如下：

```
//先定义style
<style name="AppSplash"
    parent="android:style/Theme.Black.NoTitleBar.Fullscreen">
    <item name="android:windowBackground">@drawable/img_launcher</item>
</style>

//设置启动Activity的theme为之前定义的style
<activity
    android:name=".ui.MainActivity"
    android:noHistory="true"
    android:screenOrientation="portrait"
    android:theme="@style/AppSplash">
    <intent-filter>
        <action android:name="android.intent.action.MAIN" />
        <category android:name="android.intent.category.DEFAULT" />
        <category android:name="android.intent.category.LAUNCHER" />
    </intent-filter>
</activity>
```

31.1.2 启动界面屏蔽返回按键

通常 APP 都会在启动界面执行一些网络操作和初始化配置等，这时候不希望用户通过按下返回按键退出 APP，因而需要在启动界面屏蔽返回按键，具体代码如下。

```
@Override
public boolean onKeyDown(int keyCode, KeyEvent event) {
    if (keyCode == KeyEvent.KEYCODE_BACK) {
        return true;
    }
    return super.onKeyDown(keyCode, event);
}
```

31.2　首页设计

首页显示的内容比较多，如果 APP 只发一个请求，那么服务器就要把所有的数据准备好后一次性返回，势必导致等待的时间比较长。可以设计成调用多个接口，向服务器发生多个请求，只要有一个接口返回数据就显示在界面上，避免用户长时间看到空白界面。调用多个接口的时候，如果有一个接口遇到连接超时之类的错误，那就自动取消其余接口请求。

首页一定要做缓存处理，无网络或缓存数据在有效期时读取缓存中的数据，减少用户的等待时间；首页最好不要显示销量和库存等实时会变化的数据，这样就没法做缓存处理了；如果用制轮播形式展示图片，在退出首页时务必要关闭轮播定时器；首页通常有多个 TAB 页，具体代码实现可以采用单个 Activity 加多个 Fragment 的方式。

31.3　登录功能设计

登录功能的使用有下面两种场景。

- 在 A 界面点击按钮显示登录界面，登录后还是停留在 A 界面，但 A 界面显示的内容有变动。
- 在 A 界面单击按钮显示登录界面，登录后跳转到 B 界面。

在设计登录模块的时候需要考虑到这两种情况的不同处理。

登录和注册等界面在开发时，要尽量避免显示输入法键盘时，输入法键盘遮住了编辑框。

登录界面、注册和修改密码这几个界面的逻辑联系非常密切，界面又很相似，也可以采用单个 Activity 加多个 Fragment 的方式实现。

31.4　商品详情界面设计

商品详情界面通常既有图片又有文字，而且为了美观，图片和文字还会混和排版。可以在服务器端把图片和文字合成一个网页，APP 使用 WebView 控件显示。

在商品详情界面的底部通常都有编辑框，让用户输入购买的商品数量。也要尽量避免显示输入法键盘时，输入法键盘遮住了编辑框。

31.5　购物车功能设计

电商 APP 常在多个界面有购物车小图标，上面有角标显示购物车里的商品数量。在修改购物车里的商品数量时，可以采用发广播的方式，便于多个模块都可以收到消息，更新角标数字。

如果同一个账号只能在一个设备上登录，购物车数据可以做本地缓存处理，这样没必要每次进入购物车都从服务器获取数据；如果同一个账号可以在多个设备上同时登录，需要考虑购物车里的数据同步处理，且购物车数据最好不做缓存处理，每次进入购物车时都从服务器获取数据。

31.6 商品展示界面功能设计

商品展示常用的有两种方式，一种是列表展示，另一种是宫格展示。在开发时，需考虑到这两种情况的转换，如产品经理可能开始要求列表展示，后面又要求宫格展示。可以使用 RecylerView 这样的控件实现商品展示，方便不同表现形式的转换。

31.7 个人中心界面功能设计

在电商类 APP 中，常常需要在个人中心界面显示各类订单个数等数据，这也可以采用广播的方式处理。在用户下单的时候发送广播给个人中心，个人中心收到广播后更新相关数据。

个人中心界面展示的数据比较杂，在服务器端可能属于多个业务模块，可以像首页一样设计成调用多个接口从服务器返回数据，只要有一个接口返回数据就显示在界面上，避免用户长时间看到空白界面。

31.8 搜索功能设计

在输入搜索内容时，显示的输入法键盘上可以设置显示搜索按钮，方便用户输入完内容后，直接点击输入法键盘上的搜索按钮进行搜索，具体代码如下。

```
mSearchEdit.setOnEditorActionListener(new TextView.OnEditorActionListener() {

        @Override
        public boolean onEditorAction(TextView v, int actionId, KeyEvent event) {
            if(actionId == EditorInfo.IME_ACTION_SEARCH){
                InputMethodManager imm =
                (InputMethodManager)v.getContext().getSystemService(Context.
                INPUT_METHOD_ SERVICE);
                //隐藏输入法键盘
                if(imm.isActive()){
                    imm.hideSoftInputFromWindow (v.getApplication WindowToken(), 0 );
                }

                //在此加入启动搜索功能的代码
                …

                return true;
            }
            return false;
```

```
        }
    });
```

在 XML 文件中，做如下配置。

```
< EditText
    …
    android:imeOptions="actionSearch"
    …
/>
```

31.9　WebView功能设计

在使用 WebView 控件时，除了设置是否支持JS、缓存大小、缓存模式、文字编码类型、图片缩放和网页缩放等外，还需重写许多方法，具体代码如下所示。

```
mWebView.setWebViewClient(new WebViewClient() {
            @Override
            public boolean shouldOverrideUrlLoading(WebView view, String url) {
                if( url.startsWith("http:") || url.startsWith("https:") ) {
                    return false;
                }

               //网页中如果有tel:、mailto:这样的链接，需要单独处理
                taskUrl = url;
                urlTask();

                return true;
            }

            //在以下几个方法中，需要关闭加载提示框
            @Override
            public void onPageFinished(WebView view, String url) {
                super.onPageFinished(view, url);
                UIHelper.dismiss(dialogFragment);
            }

            @Override
            public void onReceivedError(WebView view, int errorCode, String description,
            String failingUrl) {
                super.onReceivedError(view, errorCode, description, failingUrl);
                UIHelper.dismiss(dialogFragment);
```

```
                //显示提示用户遇到错误，需要重新加载的网页
                mWebView.loadUrl("file:///android_asset/error.html");
            }

            @Override
            public void onReceivedHttpError(WebView view, WebResourceRequest request,
            WebResourceResponse errorResponse) {
                super.onReceivedHttpError(view, request, errorResponse);
                UIHelper.dismiss(dialogFragment);

                 //显示提示用户遇到错误，需要重新加载的网页
                mWebView.loadUrl("file:///android_asset/error.html");

            }
        });
    }

    //返回键处理
    public boolean onKeyDown(int keyCode, KeyEvent event) {
        if ((keyCode == KeyEvent.KEYCODE_BACK) &&
        mWebView.canGoBack()) {
            //如果WebView中打开了多层网页，调用goBack()方法返回到当前网页的上层网页
            mWebView.goBack();

            return true;
        }

        return super.onKeyDown(keyCode, event);
    }

public void urlTask() {
        if( taskUrl.startsWith("tel:")) {
            //Android6.0及以上系统需要动态申请权限
            if (EasyPermissions.hasPermissions(this,
            Manifest.permission.CALL_PHONE)) {
                Intent intent = new Intent(Intent.ACTION_VIEW,
                Uri.parse(taskUrl));
                startActivity(intent);
            } else {
                EasyPermissions.requestPermissions(this,
                getString(R.string.rationale_call_phone),
                RC_TEL_PERM,
                Manifest.permission.CALL_PHONE);
            }
        } else {
```

```
                Intent intent = new Intent(Intent.ACTION_VIEW,
                Uri.parse(taskUrl));
                startActivity(intent);
            }
        }
```

31.10　出错提示功能设计

APP 在运行过程中遇到出错的情况，通常是显示 Toast 或对话框，提示用户出错了。但如果从服务器获取数据时出错了，则需要特别的处理。

对于网络状况不好导致的出错，应显示一个提示用户检查网络状况并重新加载的界面。

由于服务器内部出现错误导致无法获取数据，如服务器提供的数据类型有变，导致 APP 无法正常解析数据，或用户的账户权限配置出错了等，这时即使用户重新加载，也无法获取到数据。因此就不能提示让用户重新加载，而是提示用户联系客服解决问题。

APP 的网络层向业务层传递数据时，最好传递一个标识出错原因的状态码，方便业务层的处理。

在开发各功能界面的时候，就需考虑到获取数据时，可能遇到的异常情况，如获取的数据为空、出错等不同情况下显示不同的界面。

当向服务器提交数据时出错，无论哪种原因导致出错，最好都停留在当前界面，这样方便用户再次提交数据。

31.11　界面内容隐藏和显示设计

TextView 属于 APP 中的常用控件，在许多场合会用于显示如下形式的字符串内容。

```
<TextView
    android:text="联系人电话：%1$s"
    android:textSize="24dp"
    android:layout_width="match_parent"
    android:layout_height="wrap_content"
    android:id="@+id/textView" />
```

而这些数据往往是从服务器获取的，在网络性能不好的时候，从服务器获取数据的时间比较长，在显示这些控件的时候，用户就会先看到如图 31-1 所示的内容，然后再看到显示正确的数据，用户体验不好。

联系人电话：%1$s

图31-1

可以使用 tool 属性，修改后的 XML 代码如下所示。

```
<TextView
    tools:text="联系人电话：%1$s"
    android:textSize="24dp"
    android:layout_width="match_parent"
    android:layout_height="wrap_content"
    android:id="@+id/textView" />
```

这样在没有调用setText方法设置此控件显示的字符串时，在界面上不显示XML文件中设置的字符串；只有获取到字符串，调用 setText 方法设置此控件显示的字符串后，才会显示，就避免了上述情况。

还有一种比较彻底的方案，在 XML 文件的根标签里设置显示属性，代码如下所示。

```
<LinearLayout
    xmlns:android="http://schemas.android.com/apk/res/android"
    android:layout_width="match_parent"
    android:layout_height="match_parent"
    android:visibility="gone"
    android:orientation="vertical">
```

当初始化界面的时候，只显示加载提示框，界面上的控件都不显示，只有获取到数据，再设置显示属性为：View.VISIBLE 后，控件才会显示。这样不用单个控件一个个地设置属性，也避免了在获取到数据之前，界面上通过 XML 文件设置了内容的区域显示其内容，而需要获取到数据才能显示内容的区域显示为空白，整个界面一块有内容、一块白，显得斑斑点点的状况。

31.12 提示功能设计

31.12.1 三种控件简介

Android 系统里常用的显示提示信息的控件有三种：AlertDialog、Toast 和 Snackbar。AlertDialog 不会自动消失，需要用户手动关闭。Toast 和 Snackbar 会自动消失，不需要用户手动关闭。

对于操作成功的提示信息，如登录成功、提交订单成功等，此类信息即使用户没看到，也不会影响用户使用。可以用 Toast 或 Snackbar 显示，不需要用户单击关闭提示框，可以减少用户操作。

对于操作失败的提示信息，如登录失败或提交订单失败等，最好能让用户看到这类信息，知道遇到了什么错误，方便再次操作。用 AlertDialog 显示比较好，提示框不会自动消失，确保了用户可以看到出错提示。

如果用 Toast 或 Snackbar 显示，可能用户还没看到出错提示，Toast 或 Snackbar 就自动消失了；用户不知道什么原因导致操作不成功，用户体验不好。

31.12.2 AlertDialog介绍

AlertDialog的特性如下。

- 此提示框属于模态提示框，在显示此提示框的时候，用户点击屏幕上的任何区域都由此提示框响应用户的点击操作，程序的主界面不响应用户操作。
- 当用户点击提示框区域的时候，只有点击到提示框按钮所在的区域，才会响应用户操作；如果用户点击非提示框区域，会关闭提示框。
- 此提示框的创建属于非单例模式，也就是可以连续创建多个提示框，在屏幕上重叠显示。在APP的某些界面，可能会连续向服务器发送多个请求（如首页），这时如遇到服务器异常的状况，每个请求接口都会报错，这样会在当前界面显示多个提示框，用户需要操作多次才能关闭所有的提示框，用户体验不好。

针对上述特性，实现了一个AlertDialog工具类，进行如下改进。

- 在显示提示框的时候，屏蔽用户点击非提示框区域关闭提示框的功能，以免用户还没来及看清提示信息，不小心碰到屏幕，提示框就关闭了。
- 使用单列模式创建提示框，以免屏幕上显示多个重叠的提示框。

具体代码如下：

```
public class AlertDialogUtil {
    private static AlertDialog.Builder builder;

    public static void showAlertDialog(
        final Context context, String messageText) {

        //使用静态变量避免重复创建提示框
        if (builder == null) {
            builder = new AlertDialog.Builder(context);
            builder.setTitle("提示")
                    .setIcon(R.drawable.ic_launcher)
                    .setMessage(messageText)
                    //参数设为false，屏蔽用户点击非提示框区域，关闭提示框的功能
                    .setCancelable(false)
                    .setPositiveButton("确定",
                    new DialogInterface.OnClickListener() {
                        @Override
                        public void onClick(DialogInterface dialog, int which) {
                            dialog.dismiss();

                            builder = null;
```

```
                        }
                    }).create().show();
            }
        }
    }
```

使用方式如下：

```
    AlertDialogUtil.showAlertDialog(this, "AlertDilalog 显示提示信息");
```

31.12.3 Toast介绍

Toast 的特性如下：

此提示框属于非模态提示框，在显示此提示框的时候，程序的主界面可响应用户操作。

Toast 显示的时间可以设置成 3.5 秒或 2 秒。

```
    static final int LONG_DELAY = 3500;
    static final int SHORT_DELAY = 2000;
```

在显示的时候，如果切换到新界面，Toast 还是会显示，直到时间耗尽才消失。如有多个 TAB 页，在 TAB1 显示 Toast，切换到 TAB2 后可能还会继续显示；或从一个 Activity 界面跳转到另一个 Activity 界面的时候，同样如此。

Android 系统提供了关闭 Toast 的方法 cancel()，可以在显示时间耗尽前关闭 Toast。

此提示框的创建也属于非单例模式，也就是可以连续创建多个提示框，在屏幕上重叠显示。

针对上述特性，实现了一个 Toast 工具类，进行如下改进。

使用单列模式创建提示框，以免在屏幕上显示多个重叠的提示框。

```
    public class ToastUtil {

        private static Toast toast;

        public static void showToast(Context context,
            String messageText, int duration) {

            //使用静态变量避免重复创建提示框
            if (toast == null) {
                toast = Toast.makeText(context, messageText, duration);
            } else {
                toast.setText(messageText);
            }
```

```
        toast.show();
    }

        public static void dismissToast () {
            toast.cancel();
        }
    }
```

使用方式如下：

```
//显示Toast
ToastUtil.showToast(this, "Toast 显示提示信息", Toast.LENGTH_LONG);
//关闭Toast
ToastUtil. dismissToast();
```

31.12.4　Snackbar介绍

Snackbar 的特性如下。

- 此提示框属于非模态提示框，在显示此提示框的时候程序的主界面可响应用户操作。
- Snackbar 显示的时间可以设置成 1.5 秒或 2.75 秒。

```
private static final int SHORT_DURATION_MS = 1500;
private static final int LONG_DURATION_MS = 2750;
```

在显示的时候，如果切换到新界面，Snackbar 还是会显示，直到时间耗尽才消失。如有多个 TAB 页，在 TAB1 显示 Snackbar，切换到 TAB2 后可能还会继续显示；或从一个 Activity 界面跳转到另一个 Activity 界面的时候，同样如此。

Android 系统提供了关闭 Snackbar 的方法 dismiss()，可以在显示时间耗尽前关闭 Snackbar。

- 此提示框的创建属于单例模式，如果连续创建多个 Snackbar，只会显示最后创建的那个。
- Snackbar 也可以像 Dialog 那样响应用户点击操作。
- Snackbar 不像 AlertDialog 和 Toast 那样默认显示在屏幕中部，而是显示在屏幕底部。

Snackbar 的使用代码如下所示：

```
//连续创建两个Snackbar，但屏幕上只会显示最后创建的Snackbar
Snackbar.make(mView, "Snackbar显示提示信息",
Snackbar.LENGTH_SHORT).show();
Snackbar.make(mView, "Snackbar显示第二个提示信息",
Snackbar.LENGTH_LONG).show();
```

```
//可以响应用户操作的Snackbar
Snackbar snackbar = Snackbar.make(mView, "Snackbar响应用户操作",Snackbar.LENGTH_SHORT)
    .setAction("确定", new View.OnClickListener() {
    @Override
    public void onClick(View v) {
        AlertDialogUtil.showAlertDialog(MainActivity.this, "AlertDilalog 显示提示信息");
    }
  });
Snackbar.show();

//关闭Snackbar
Snackbar.dismiss();
```

即使 Snackbar 能够响应用户操作，但还是会在设置的显示时间到后自动消失。Google 在官方文档中，也有说明不推荐用 Snackbar 响应用户操作。

31.13　定期执行任务的功能设计

许多 APP 都需要定期执行某项或某几项任务，如在联网状态下每隔一段时间上传日志数据给服务器，或在手机处于 Idle 状态时定期清理手机的存储空间等。

以往实现这样的功能时，往往需要启动一个定时器不断地轮询执行任务的条件是否满足，如果满足还需启动定时器定期执行任务，这种机制的实现方式比较麻烦。在 Android 5.0（API 21）及以上版本系统中，Google 提供了一个叫 JobScheduler 的功能组件来处理这种场景。

31.13.1　JobScheduler介绍

在 JobScheduler 功能类中，有一个 JobService 类，它是使用 JobScheduler 回调的入口点。

JobService 类中包含以下几个方法。

1. onStartJob 方法

```
boolean onStartJob （JobParameters params）
```

在 JobService 的子类中，必须重写这个方法。

- params：传递此任务的相关信息。

返回值为 true，此 service 必须在一个单独的子线程中处理工作；返回值为 false，此任务没有工作要做。

2. jobFinished方法

```
void jobFinished (JobParameters params, boolean needsReschedule)
```

这个方法是在任务完成之后被调用。

- params：这个参数是从 onStartJob 方法传递过来的。
- needsReschedule：如为 true，此任务只会被执行一次；false 则会被反复执行。

3. onStopJob方法

```
boolean onStopJob (JobParameters params)
```

当系统确定必须停止运行任务时，会调用此方法。

如果在设定的时间，任务运行的条件不再满足时此方法就会被调用。如要求设备要连接 WIFI，但在执行任务的时候，用户把 WIFI 关掉了；或者任务需要在 Idle 状态下执行，但手机进入了非 Idle 状态。

params：表示传递此任务的相关信息。

返回值为 true 时，告诉 JobManager 根据创建 Job 时的设置是否重新安排此任务执行；返回值为 false 时，退出 Job。不管返回值是什么，Job 都必须停止执行。

示例代码如下：

```
private JobScheduler mJobScheduler;

//声明Job的任务Id数值
public static final int MY_BACKGROUND_JOB = 0;

//初始化JobScheduler对象
public void initVariables() {
    ...
    mJobScheduler = (JobScheduler)getSystemService( Context.JOB_SCHEDULER_SERVICE );
    ...
}
//设置执行此任务需满足的条件、间隔时间和关机重启后是否继续执行
public static void scheduleJob(Context context) {
    JobScheduler js =
            (JobScheduler) context.getSystemService(Context.JOB_SCHEDULER_ SERVICE);
    JobInfo job = new JobInfo.Builder(
            MY_BACKGROUND_JOB,
            //在JobSchedulerService类中执行任务
            new ComponentName(context, JobSchedulerService.class))
            //设置在联网状态下执行此任务
            .setRequiredNetworkType(JobInfo.NETWORK_TYPE_ANY)
            //设置在设备处于Idle状态时执行此任务
            .setRequiresDeviceIdle(true)
            //设置在设备处于充电状态时执行此任务
```

```
            .setRequiresCharging(true)
            //设置任务的执行间隔时间为10秒
            .setPeriodic(10*1000)
            //设置设备关机重启后，还是继续按上述要求执行此任务
            .setPersisted(true)
            .build();
    js.schedule(job);
}
//取消Job
private void cancelJob(){
    mJobScheduler.cancelAll();
}

//创建Service类
public class JobSchedulerService extends JobService {

    public static final int MY_JOB_MESSAGE = 0;

    private Handler mJobHandler = new Handler(new Handler.Callback() {
        @Override
        public boolean handleMessage( Message msg ) {
            Toast.makeText( getApplicationContext(), "JobService task running", Toast. LENGTH_
            LONG).show();

            jobFinished( (JobParameters) msg.obj, false);
            return true;
        }
    } );

    @Override
    public boolean onStartJob(JobParameters params ) {
        mJobHandler.sendMessage( Message.obtain( mJobHandler, MY_JOB_MESSAGE, params ) );

        return false;
    }

    @Override
    public boolean onStopJob( JobParameters params ) {
         Toast.makeText( getApplicationContext(), "JobService task stop", Toast.LENGTH_
         SHORT ).show();

        mJobHandler.removeMessages(MY_JOB_MESSAGE);
        return false;
    }

}
```

在 AndroidManifest.xml 中增加如下声明。

```
<uses-permission android:name="android.permission.RECEIVE_BOOT_COMPLETED" />

<service android:name=".service.JobSchedulerService"
    android:permission="android.permission.BIND_JOB_SERVICE" />
```

在上述代码的 scheduleJob 方法中，设置了执行任务的条件，Google 的官方文档中描述只有满足执行任务的条件后，任务才会被执行。

实际验证，即使条件不满足，任务也会被执行，也就是 scheduleJob 方法的代码改成如下所示，运行行结果和上述代码一样。

```
public static void scheduleJob(Context context) {
        JobScheduler js =(JobScheduler) context.getSystemService(Context.JOB_SCHEDULER_SERVICE);
        JobInfo job = new JobInfo.Builder(
            MY_BACKGROUND_JOB,
            new ComponentName(context, JobSchedulerService.class))
            //设置任务的执行间隔时间为10秒
            .setPeriodic(10*1000)
            //设置设备关机重启后，还是继续按上述要求执行此任务
            .setPersisted(true)
            .build();
        js.schedule(job);
}
```

31.13.2　JobScheduler的替代方案

前面提到，使用 JobScheduler 时即使执行任务的条件不满足，任务也会被执行。为了规避这个缺陷，可以使用 Evernote 库来代替 JobScheduler。以下是具体的实现方式。

在 build.gradle 文件中增加依赖库，代码如下：

```
dependencies {
    …
    compile  'com.evernote:android-job:1.1.8 '
}
```

从库提供的类派生几个类，代码如下：

```
public class DemoJobCreator implements JobCreator {

    @Override
    public Job create(String tag) {
```

```
        switch (tag) {
            case DemoSyncJob.TAG:
                return new DemoSyncJob();
            default:
                return null;
        }
    }
}

public class DemoSyncJob extends Job {

    public static final String TAG = "job_demo_tag";

    @Override
    @NonNull
    protected Result onRunJob(final Params params) {
        if (params.isPeriodic()) {
            PendingIntent pendingIntent = PendingIntent.getActivity (getContext(),
                0, new Intent (getContext(), MainActivity.class), 0);

            Notification notification = new NotificationCompat.Builder (getContext())
                    .setContentTitle("Job Demo")
                    .setContentText("Periodic job run")
                    .setAutoCancel(true)
                    .setContentIntent(pendingIntent)
                    .setSmallIcon(R.drawable.ic_notifications_black_24dp)
                    .setShowWhen(true)
                    .setColor(Color.GREEN)
                    .setLocalOnly(true)
                    .build();

            NotificationManagerCompat.from(getContext()).notify(new Random().nextInt(),
            notification);

            EamLog.v("job", "isPeriodic==true");
        }else {
            EamLog.v("job", "isPeriodic==false");
        }

        return Result.SUCCESS;
    }
}
```

在 Application 类中创建类的实例，代码如下：

```
public class EamApplication extends Application {
    private static Context sContext;

    @Override
    public void onCreate() {
        super.onCreate();
        …
        JobManager.create(this).addJobCreator(new DemoJobCreator());
    }
}
```

创建 Job 任务 Id 和 Job 管理对象的代码如下：

```
//Job的任务Id
private int mLastJobId;
private JobManager mJobManager;

//初始化JobManager对象
public void initVariables() {
    …
    mJobManager = JobManager.instance();
}
//设置执行此任务需满足的条件、间隔时间和关机重启后是否继续执行
public static void scheduleJob(){
    mLastJobId = new JobRequest.Builder(DemoSyncJob.TAG)
            .setRequiredNetworkType(JobRequest.NetworkType.CONNECTED)
            .setRequiresDeviceIdle(true)
            .setRequiresCharging(true)
            .setPeriodic(JobRequest.MIN_INTERVAL)
            .setPersisted(true)

            //设置只有此任务的执行条件被满足时，才执行此任务
            .setRequirementsEnforced(true)

            .build()
            .schedule();
}
//取消Job
private void cancelJob(){
    mJobManager.cancelAll();
}
```

Evernote 库提供了 setRequirementsEnforced 方法，让使用者设置是否只有任务执行的条件都满足了，系统才执行任务。

在 Android 7.0 中，Job 循环执行时最小的间隔时间是 15 分钟，为了兼容 Android7.0，Evernote 库的任务循环执行的最小间隔时间也是 15 分钟。

在 Evernote 库的源码（JobRequest.java）中，可以看到如下说明。

```
/**
 * The minimum interval of a periodic job. Specifying a smaller interval will result
   in an exception.
  * This limit comes from the {@code JobScheduler} starting with Android Nougat.
*/
public static final long MIN_INTERVAL = TimeUnit.MINUTES.toMillis(15);
```

使用这个库时，在混淆文件中要增加如下代码。

```
-dontwarn com.evernote.android.job.gcm.**
-dontwarn com.evernote.android.job.util.GcmAvailableHelper
-keep public class com.evernote.android.job.v21.PlatformJobService
-keep public class com.evernote.android.job.v14.PlatformAlarmService
-keep public class com.evernote.android.job.v14.PlatformAlarmReceiver
-keep public class com.evernote.android.job.JobBootReceiver
-keep public class com.evernote.android.job.JobRescheduleService
```

31.13.3 注意事项

有以下两点需要注意。

- 上述两种方案都必需在 Android5.0（API 21）及以上的版本系统中使用。
- 从 Android 6.0 开始，为了省电，Android 系统实现了低耗电模式，在此模式下系统不允许运行 JobScheduler。Evernote 提供的库继承了 JobScheduler 功能类，所以在低耗电模式下 Evernote 的库也不会被允许运行。

31.14 全屏模式的功能设计

APP 的许多场景需要全屏展示内容，如播放视频、浏览图片和阅读书籍时等场景。从 Android 4.4 开始，Android 系统提供了全屏模式方案：Lean Back 和 Immersive。使用这两种方案时，Action Bar、Status Bar 和 Navigation Bar 都会被隐藏，不同之处在于让它们再重新显示出来的操作方式。

31.14.1 Lean Back

这种方案常用于用户不会与屏幕大量交互的场景，如用户播放视频时。用户需要显示 Action Bar、Status Bar 和 Navigation Bar 时，点击屏幕的任何地方，Action Bar、Status Bar 和 Navigation Bar 都会被显示，如图 31-2 所示。

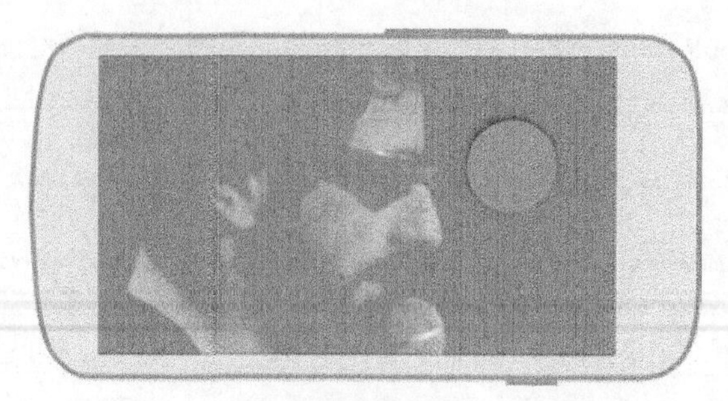

图31-2

实现代码如下：

```
View flagsView = getWindow().getDecorView();
int uiOptions = flagsView.getSystemUiVisibility();
uiOptions |= View.SYSTEM_UI_FLAG_FULLSCREEN;
uiOptions |= View.SYSTEM_UI_FLAG_HIDE_NAVIGATION;
uiOptions &= ~View.SYSTEM_UI_FLAG_IMMERSIVE;
flagsView.setSystemUiVisibility(uiOptions);
```

31.14.2 Immersive

这种方案常用于用户与屏幕大量交互的场景，如玩游戏、在画廊中浏览图片或阅读书籍时。用户需要显示 Action Bar、Status Bar 和 Navigation Bar 时，需要使用手指从屏幕底部向上滑动，或从屏幕顶部向下滑动，这样 Action Bar、Status Bar 和 Navigation Bar 才会被显示，如图 31-3 所示。

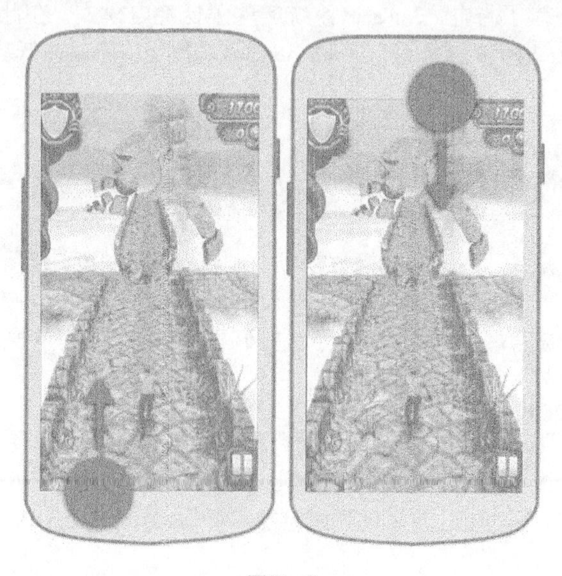

图31-3

这种方案可以避免用户无意中碰到屏幕，就退出全屏模式的情况发生。但这样可能导致有些用户不知道怎样退出全屏模式，所以最好在用户使用 APP 第一次进入全屏模式时，给用户提示怎样才能退出全屏模式。

实现代码如下：

```
View flagsView = getWindow().getDecorView();
int uiOptions = flagsView.getSystemUiVisibility();
uiOptions |= View.SYSTEM_UI_FLAG_FULLSCREEN;
uiOptions |= View.SYSTEM_UI_FLAG_HIDE_NAVIGATION;
uiOptions |= View.SYSTEM_UI_FLAG_IMMERSIVE;
flagsView.setSystemUiVisibility(uiOptions);
```

31.15 开机自启动的功能设计

31.15.1 普通模式

对于 Android 7.0 版本之前的系统，如果设计 APP 在系统启动之后自启动，只需在 APP 代码中添加处理 ACTION_BOOT_COMPLETED 广播消息的代码即可。

31.15.2 直接启动模式

从 Android 7.0 版本开始，系统有了一种新的启动模式“直接启动”模式。

当设备已开机但用户尚未解锁设备时，Android 7.0 及以上版本系统将在“直接启动”模式下运行。

默认情况下，APP 不会在“直接启动”模式下运行。如果 APP 要在此模式下进行，需在 AndroidManifest.xml 文件中将 android:directBootAware 属性设为 true。当设备重启后，APP 就可以接收到系统发出的 LOCKED_BOOT_COMPLETED 广播消息，然后可以运行相关代码了。

31.15.3 示例代码

在 AndroidManifest.xml 文件中注册广播接收器：

```
<receiver android:name=".BootBroadcastReceiver"
    android:directBootAware="true">
    <intent-filter>
        <action android:name="android.intent.action.LOCKED_BOOT_COMPLETED" />
        <action android:name="android.intent.action.BOOT_COMPLETED" />
    </intent-filter>
</receiver>
```

广播接收器代码：

```
public class BootBroadcastReceiver extends BroadcastReceiver {

    private static final String TAG = "BootBroadcastReceiver";

    @Override
    public void onReceive(Context context, Intent intent) {
        boolean bootCompleted;
        String action = intent.getAction();
        if (BuildCompat.isAtLeastN()) {
            bootCompleted = Intent.ACTION_LOCKED_BOOT_COMPLETED.equals(action);
        } else {
            bootCompleted = Intent.ACTION_BOOT_COMPLETED.equals(action);
        }
    }
}
```

31.16　APP快捷图标的功能设计

31.16.1　简介

如果 APP 在 Android7.1(API 25) 或更高版本的系统上运行，在 APP 中，可以定义一些快捷图标和特定的功能关联起来，这些快捷图标可以显示在支持此功能的桌面上，如图 31-4 所示。

图31-4

快捷图标可以关联 Intent，让用户快速启动某项功能。图 31-4 所示为打开百度网页和应用设置功能。

只有主 Activity(处理 MAIN action 和 LAUNCH category 的 Activity) 可以有快捷图标，如果 APP 有多个主 Activity，这些 Activity 可以有不同的快捷图标集合。

用户用手指长压桌面上的 APP 图标时，会显示 APP 的快捷图标，但不同的桌面 APP，可能会支持不同的手势。

在 APP 中使用两种不同类型的快捷图标：静态和动态快捷图标。一个 APP 可以创建的静态和动态图标的数量之和不能超过五个。

31.16.2 静态快捷图标

静态快捷图标被定义在资源文件中，打包在 APK 中，只有更新 APP 的版本，才能改变快捷图标的图标、文字描述和功能等。

创建静态图标，需按以下步骤处理：

(1) 在 AndroidManifest.xml 文件中的主 Activity 声明中，增加快捷图标的定义文件说明：

```
<application
    android:allowBackup="true"
    android:icon="@mipmap/ic_launcher"
    android:label="@string/app_name"
    android:roundIcon="@mipmap/ic_launcher_round"
    android:supportsRtl="true"
    android:theme="@style/AppTheme">
    <activity android:name=".MainActivity">
        <intent-filter>
            <action android:name="android.intent.action.MAIN" />

            <category android:name="android.intent.category.LAUNCHER" />
        </intent-filter>

        <meta-data
            android:name="android.app.shortcuts"
            android:resource="@xml/shortcuts" />
    </activity>
```

(2) 创建快捷图标的定义文件 res/xml/shortcuts.xml，内容如下：

```
<shortcuts xmlns:android="http://schemas.android.com/apk/res/android" >
    <shortcut
        android:shortcutId="settings"
        android:icon="@drawable/ic_setting"
        android:shortcutShortLabel="@string/shortcut_settings"
        android:shortcutLongLabel="@string/shortcut_long_settings"
```

```
        >
        <intent
            android:action="android.intent.action.VIEW"
            android:targetPackage="com.example.shortcut"
            android:targetClass="com.example.shortcut.SettingsActivity"
            />
    </shortcut>
</shortcuts>
```

android:shortcutShortLabel—设置快捷图标的简要描述，Google 推荐最大字符个数不超过 10 个。

android: shortcutLongLabel—设置快捷图标的详细描述，Google 推荐最大字符个数不超过 25 个。

Android 系统会根据显示空间大小，确定显示简要描述或详细描述。

31.16.3　动态快捷图标

动态图标是通过使用 ShortcutManager API 在 APP 运行的时候被创建的，在 APP 运行的时候，可以改变快捷图标关联的功能、更新或移除动态快捷图标。

如下代码创建一个打开百度网页的快捷图标：

```
ShortcutManager shortcutManager = getSystemService(ShortcutManager.class);

ShortcutInfo shortcut = new ShortcutInfo.Builder(this, "scIdOpenUrl")
        .setShortLabel(getResources().getString(R.string.shortcut_website))
        .setLongLabel(getResources().getString(R.string.shortcut_long_website))
        .setIcon(Icon.createWithResource(MainActivity.this, R.drawable.ic_website))
        .setIntent(new Intent(Intent.ACTION_VIEW,
                Uri.parse("https://www.baidu.com/")))
        .build();

shortcutManager.setDynamicShortcuts(Arrays.asList(shortcut));
```

按上述方式创建的静态和动态图标如图 31-4 所示。

31.17　针对Android7.0及更高版本的后台优化方案

移动设备会经历频繁的连接变更，例如在 WIFI 和移动网络之间切换。可以通过在 AndroidManifest.xml文件中注册一个接收器来侦听隐式 CONNECTIVITY_ACTION 广播，让APP能够监测这些变更。由于很多 APP 会注册接收此广播，因此单次网络切换即会导致这些 APP 被唤醒并同时处理此广播。

在 Android7.0 版本之前的系统中，APP 可以注册接收来自其他 APP(例如相机) 的隐式 ACTION_NEW_

PICTURE 和 ACTION_NEW_VIDEO 广播。当用户使用相机 APP 拍摄照片时，这些 APP 即会被唤醒以处理广播。

为了减少这样的情况发生，从 Android7.0(API level 24) 开始，系统做了以下限制：

对于针对 Android7.0(API level 24) 或更高版本系统开发的 APP，如果在 AndroidManifest.xml 文件中注册了 CONNECTIVITY_ACTION 广播接收器，不会再收到 CONNECTIVITY_ACTION 广播。使用 registerReceiver() 动态注册的广播接收器，仍然能接收到 CONNECTIVITY_ACTION 广播。

APP 不能再发送和接收到 ACTION_NEW_PICTURE 和 ACTION_NEW_VIDEO 广播，这个影响到所有的 APP，而不仅限于针对 Android7.0(API level 24) 或更高版本系统开发的 APP。如果 APP 使用了涉及上述广播的 Intent，需要修改代码，以便 APP 可以在 Android7.0(API level 24) 或更高版本的系统中正常运行。

开发人员可以使用 Android 系统提供的 JobScheduler 组件，减少隐式广播的使用，具体方案如下所示。

31.17.1 对于CONNECTIVITY_ACTION 限制的解决方案

下面的代码示例当设备连接到 WIFI 热点时，会启动 Job 服务：

```
public static void scheduleJobNetwork(Context context) {
  JobScheduler js =
  (JobScheduler) context.getSystemService(Context.JOB_SCHEDULER_SERVICE);
  JobInfo job = new JobInfo.Builder(
    0,
    new ComponentName(context, JobSchedulerService.class))
      .setRequiredNetworkType(JobInfo.NETWORK_TYPE_UNMETERED)
      .build();
  js.schedule(job);
}
//从JobService类派生一个JobSchedulerService类，当Job运行的条件被满足时，就会运行
//JobSchedulerService类中的onStartJob()方法
public class JobSchedulerService extends JobService {
    @Override
    public boolean onStartJob(JobParameters params ) {
        //可以在此添加具体的功能代码

        return false;
    }

    @Override
    public boolean onStopJob( JobParameters params ) {
        //可以在此添加具体的功能代码
```

```
        return false;
    }

}
```

在 AndroidManifest.xml 文件中添加 JobSchedulerService 类的声明：

```
<application
    ...
<service android:name=".JobSchedulerService"
    android:permission="android.permission.BIND_JOB_SERVICE" />
</application>
```

31.17.2 对于ACTION_NEW_PICTURE和ACTION_NEW_VIDEO限制的解决方案

Android 7.0 (API level 24) 扩展了 JobInfo 和 JobParameters 类，提供替代的解决方案。

（1）新的 JobInfo 成员方法。

```
TriggerContentUri()
封装触发Job(当content URI改变时)的参数
```

```
JobInfo.Builder  addTriggerContentUri()
传递TriggerContentUri对象给JobInfo
```

（2）新的 JobParameter 成员方法。

```
Uri[] getTriggeredContentUris()
返回触发Job的URI数组，当改变的URI个数超过50时，返回值为null
```

```
String[] getTriggeredContentAuthorities()
返回触发Job的content authorities的字符串数组
```

如下代码示例当系统报告 content URI(MEDIA_URI) 变化时，启动 Job 服务：

```
public void scheduleJobMediaChange(Context context) {
    JobScheduler js =
            (JobScheduler)context.getSystemService(Context.JOB_SCHEDULER_SERVICE);
    JobInfo.Builder builder = new JobInfo.Builder(
            0,
            new ComponentName(context, JobSchedulerService.class));
    builder.addTriggerContentUri(
```

```
            new JobInfo.TriggerContentUri(MediaStore.Images.Media.
            EXTERNAL_CONTENT_URI,
            JobInfo.TriggerContentUri.FLAG_NOTIFY_FOR_DESCENDANTS));
    js.schedule(builder.build());
}
    //从JobService类派生一个JobSchedulerService类，在其中重写onStartJob()方法，记录触发服
    //务的content authorities和URIs
    @Override
    public boolean onStartJob(JobParameters params ) {
        Log.v(TAG, "JobService task start");

        StringBuilder sb = new StringBuilder();
        sb.append("Media content has changed:\n");
        if (params.getTriggeredContentAuthorities() != null) {
            sb.append("Authorities: ");
            boolean first = true;
            for (String auth :
                    params.getTriggeredContentAuthorities()) {
                if (first) {
                    first = false;
                } else {
                    sb.append(", ");
                }
                sb.append(auth);
            }
            if (params.getTriggeredContentUris() != null) {
                for (Uri uri : params.getTriggeredContentUris()) {
                    sb.append("\n");
                    sb.append(uri);
                }
            }
        } else {
            sb.append("(No content)");
        }
        Log.v(TAG, sb.toString());
        return true;
    }
```

用系统自带的相机 APP 拍了两张照片后，输出的 Log 如图 31-5 所示：

```
12-11 21:24:45.884 4486-4486/com.example.jobscheduler V/JobScheduler: JobService task start
12-11 21:24:45.884 4486-4486/com.example.jobscheduler V/JobScheduler: Media content has changed:
                                                                      Authorities: media
                                                                      content://media/external/images/media/142
                                                                      content://media/external/images/media/143
```

图31-5

31.18 服务器接口的单元测试

在开发 APP 的时候，往往接口开发和 APP 开发的进度是并行的，有时还落后于 APP 开发，导致在

APP 端调试接口非常麻烦。如果在 APP 端能模拟接口调用，那就极大地提高了 APP 开发和测试的效率。

31.18.1　单元测试

用 Android Studio 新建工程后，在 APP 的 java 文件夹中，通常会包含 3 个文件夹，一个是 APP 实际运行使用的代码文件夹，另两个就是单元测试代码的文件夹，如图 31-6 所示。

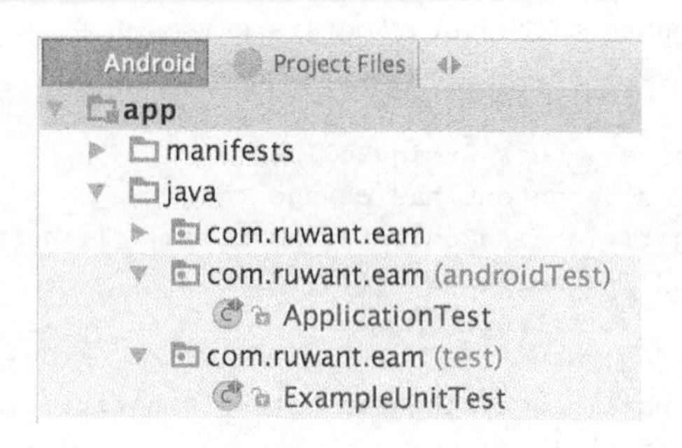

图31-6

这两个单元测试文件夹一个是供 androidTest 用的，这类单元测试代码只能在 Android 设备或模拟器上进行；另一个是供 test 用的，这类单元测试代码可以直接在电脑上运行，不需要连接模拟器和 Android 设备。

想要运行单元测试代码，用鼠标选中 ApplicationTest.java 或 ExampleUnitTest.java 文件，点击鼠标右键，可以看到“Run ‘ApplicationTest’”或“Run ‘ExampleUnitTest’”的菜单，点击就可以运行 androidTest 或 test 单元测试的代码了。

31.18.2　使用MockWebServer进行接口的单元测试

Square 提供了一个能够模拟接口调用的工具库 MockWebServer，可以很方便地集成在 APP 中，进行服务器接口相关功能的测试。

下面就以使用比较多的 volley+okhttp 这种网络库的组合方式为例，说明 MockWebServer 库的使用。

首先需要在工程中集成 MockWebServer 库文件。Android Studio 默认有两种单元测试，即 androidTest 和 test，那么在 build.gradle 中集成单元测试的库也有两种方式。

```
//供androidTest用
androidTestCompile  'com.squareup.okhttp3:mockwebserver:3.6.0 '
//供test用
testCompile  'com.squareup.okhttp3:mockwebserver:3.6.0 '
```

mockwebserver 库的版本号最好与 okhttp 库的版本号一致，否则可能会编译出错。

如果 APP 和服务器交互使用的是 JSON 格式的数据，那运行 test 单元测试代码时还需在工程中集成 json.jar 文件，否则会运行出错。

```
testCompile files( 'libs/json.jar ')
```

如果运行 AndroidTest 单元测试代码，则不需要集成 json.jar 文件。

模拟调用登录接口的具体代码如下：

```
public class ApplicationTest extends ApplicationTestCase<Application> {

    final String TAG = "ApplicationTest";

    //定义接口返回的Json字符串
    String strJson = "{\"status\":\"success\"}";

    final BlockingQueue<Object> queue = new ArrayBlockingQueue<>(2);

    //创建MockWebServer对象
    MockWebServer server = new MockWebServer();

    public ApplicationTest() {
        super(Application.class);
    }

    @Test
    public void testLogin() throws Exception {

        // 设置接口返回的状态码、头字段的内容和Body体的内容
        MockResponse response = new MockResponse()
                .setResponseCode(200)
                .addHeader("Content-Type", "application/json;charset=UTF-8")
                .setBody(strJson);

        //利用throttleBody函数可以模拟弱网状态，当前设置每秒传输512个字节的数据
        response.throttleBody(512, 1, TimeUnit.SECONDS);

        server.enqueue(response);

        // 启动server
        server.start();

        login("admin", "123456");
    }
```

```
public void login(String userName, String password){

    JSONObject jsonObject = new JSONObject();

    try {
        jsonObject.put("jsonrpc", "2.0");
        jsonObject.put("method", "call");
    } catch (JSONException e) {
        e.printStackTrace();
    }

    JSONObject params = new JSONObject();

    try {
        params.put("app_version", "0.6.0");
        params.put("login", userName);
        params.put("password", password);

        jsonObject.put("params", params);
    } catch (JSONException e) {
        e.printStackTrace();
    }

    try {
         //获取请求URL，不能使用普通的URL，一定要使用server.url()返回的URL，不然没法连接
         //Mock服务器
        String pathUrl = server.url(Urls.LOGIN).toString();
        Log.v(TAG, "url: " + pathUrl);

        request(pathUrl, jsonObject, UserInfo.class);
    }catch (Exception e) {
        e.printStackTrace();
    }

}

private void request(String url, JSONObject jsonObject, final Class<?> type) throws
Exception {
     NetworkManager.getInstance(EamApplication.getContext()).JsonRequest (TAG, url,
            jsonObject,
            new Response.Listener<JSONObject>() {
                @Override
                public void onResponse(JSONObject jsonObject) {

                Log.v(TAG, "response json对象: " + jsonObject.toString());
```

```
                //Volley库用到异步的回调，在此使用BlockingQueue来等待服务器的返回结果，
                //然后验证结果
                queue.add(jsonObject.toString());

                parseToResponse(jsonObject, type);

                }
            }, new Response.ErrorListener() {
                @Override
                public void onErrorResponse(VolleyError error) {
                    Log.e(TAG, error.getMessage(), error);
                }
            });

        //获取发送的请求数据
        RecordedRequest request = server.takeRequest();

        assertEquals("POST", request.getMethod());

        Log.v(TAG, "path: " + request.getPath());

        Log.v(TAG, "body: " + request.getBody().toString());

        //验证服务器的返回结果是否和预期结果一致
        Object obj = queue.take();
        if (obj instanceof String) {

            Log.v(TAG, "queue json对象: " + obj.toString());

            assertEquals(strJson, obj.toString());
        }

        //关闭server
        server.shutdown();
    }
}
```

31.19 自动调整文字大小的TextView

Android 8.0（API level 26）系统允许开发人员定制 TextView，可以基于 TextView 的特性和边界布局自动缩放文字以填充布局空间。这使得更容易依据不同尺寸的屏幕和不同的文本内容优化文字尺寸。

从 26.0 版本的支持库开始，支持此功能运行在装了 Android 8.0 版本之前系统的设备上。这个库支持 Android 4.0（API level 14）及更高的版本。android.support.v4.widget 库中包含的 TextViewCompat 类可

以向下兼容此功能。

可以用代码或在 XML 文件中设置属性的方式实现此功能，具体有以下三种方式。

31.19.1　Default方式

此方式实现 TextView 文字在水平和垂直方向同比例缩放。

（1）代码实现。

没有使用支持库时使用如下方法：

```
setAutoSizeTextTypeWithDefaults(int autoSizeTextType)
```

autoSizeTextType 的值：

```
TextView.AUTO_SIZE_TEXT_TYPE_NONE关闭自动缩放功能
TextView.AUTO_SIZE_TEXT_TYPE_UNIFORM水平和垂直方向按同比例缩放
```

默认的文字最小尺寸是 12sp，最大尺寸是 112sp，尺寸粒度 1px。

使用支持库时使用如下方法：

```
TextViewCompat.setAutoSizeTextTypeWithDefaults(TextView textView, int autoSizeTextType)
```

autoSizeTextType 的值：

```
TextViewCompat.AUTO_SIZE_TEXT_TYPE_NONE
TextViewCompat.AUTO_SIZE_TEXT_TYPE_UNIFORM
```

（2）在 XML 文件中设置属性。

```
<TextView
  android:layout_width="wrap_content"
  android:layout_height="wrap_content"
  android:autoSizeTextType="uniform"
/>
```

31.19.2　Granularity方式

此方式可以定义文字的最大和最小尺寸，及每次尺寸改变的大小。

（1）代码实现。

没有使用支持库时使用如下方法：

```
setAutoSizeTextTypeUniformWithConfiguration(int autoSizeMinTextSize,
int autoSizeMaxTextSize, int autoSizeStepGranularity, int unit)
```

autoSizeStepGranularity：每次缩放的最小数值。

unit：尺寸单位，常用的单位如下：

```
TypedValue. COMPLEX_UNIT_DIP
TypedValue. COMPLEX_UNIT_PT
TypedValue. COMPLEX_UNIT_PX
TypedValue. COMPLEX_UNIT_SP
```

使用支持库时的代码实现：

```
TextViewCompat.setAutoSizeTextTypeUniformWithConfiguration (intautoSizeMinTextSize, int
autoSizeMaxTextSize, intautoSizeStepGranularity, int unit)
```

（2）在 XML 文件中定义属性。

```
<TextView
  android:layout_width="wrap_content"
  android:layout_height="wrap_content"
  android:autoSizeTextType="uniform"
  android:autoSizeMinTextSize="12sp"
  android:autoSizeMaxTextSize="100sp"
  android:autoSizeStepGranularity="2sp"
/>
```

31.19.3 Preset Sizes方式

此方法允许开发人员预先设定文字尺寸缩放时的所有值，文字的尺寸只能是设置值中的一个。

（1）代码实现。

没有使用支持库时使用如下方法：

```
setAutoSizeTextTypeUniformWithPresetSizes(int[] presetSizes, int unit)
```

- presetSizes：包含设置的一系列文字尺寸。

使用支持库时使用如下方法：

```
TextViewCompat.setAutoSizeTextTypeUniformWithPresetSizes(TextViewtextVi
ew, int[] presetSizes, int unit)
```

（2）XML 文件中设置属性。

首先在 res/values/arrays.xml 文件中定义一个数值，然后在布局文件中设置 TextView 属性，具体如下所示：

```
<resources>
  <array
    name="autosize_text_sizes">
    <item>10sp</item>
    <item>12sp</item>
    <item>20sp</item>
    <item>40sp</item>
    <item>100sp</item>
  </array>
</resources>
<TextView
  android:layout_width="wrap_content"
  android:layout_height="wrap_content"
  android:autoSizeTextType="uniform"
  android:autoSizePresetSizes="@array/autosize_text_sizes"
/>
```

第32章　代码封装

（1）集成三方 SDK 时需要封装，如实现推送功能有个推、极光和友盟等三方 SDK，在开发过程中可能会切换不同的 SDK，通过封装方便切换。

（2）集成三方库时需要封装，如 JSON 解析库有 GSON 和 FastJSON 等，通过封装方便切换。

（3）系统功能方法需要封装，如系统提供的 Log 方法，对其进行封装后方便设置 Log 信息输出格式和是否输出 Log 信息等。

（4）系统控件需要封装。

- 各种提示框的封装。
- 对 EditText、TextView、ImageView 和 Button 等控件的封装，可以从系统的控件类派生一个子类，在 APP 中使用子类，方便对控件的修改。

最保险的方式是无论系统提供的控件能否满足现有需求，所有使用到的控件都从系统的控件类派生一个子类，在 APP 中使用子类，以便后续对各处控件的统一修改。

第33章 APP测试

APP 测试除了常规的功能测试和稳定性测试外，还包括以下测试。

1. 兼容性测试

各种 Android 设备的屏幕尺寸、分辨率、内存和操作系统版本等千差万别，兼容性测试必不可少；现在 iOS 设备的种类也越来越多，也需要做兼容性测试。

可以使用 Testin、阿里、百度和腾讯等提供的兼容性测试平台进行此项测试；此外，也可以使用模拟器针对特定的屏幕或操作系统版本进行测试。

兼容测试选择的设备和系统，除了可以根据产品经理的要求挑选外，也可以根据网上的一些统计数据挑选，如 Google 和 Apple 官网上的数据、友盟的手机分析报告和极光的手机行业数据报告等。

2. 极限测试

极限测试中，有两项需要特别关注：内存和本地存储空间。

（1）内存存储空间。

内存测试分两种情况。

- APP 在后台运行时，系统内存不够用了，系统回收了 APP 的内存。
- APP 无法从系统申请到内存。

（2）本地存储空间。

本地存储空间主要是测试在本地存储空间满的时候，APP 写文件是否会有异常。

还有一种极限情况比较少见，但也需要特别测试下，在使用 APP 的时候手机没电自动关机了，再重新开机后 APP 能否正常使用。

3. 网络状况测试

用户在使用 APP 的时候，常处于移动的状态，导致网络状况不稳定，可能会遇到以下状况：断网、掉网、服务器无响应、连接超时、从 WIFI/4G/3G 的网络连接变成 2G 网络连接等，这些状况都需要进行测试验证。

注意：在测试网络相关功能时，登录状态过期失效的情况也要测试。

4. 权限测试

从 Android 6.0 开始，增加了动态权申请权限特性。对于 Android 6.0 及以上版本系统，在安装测试的 APP 时，可以先不允许 APP 申请任何权限，这样在测试 APP 时就可以测试 APP 是否支持动态权限申请。

5. 横竖屏模式测试

目前手机和平板基本都支持横竖屏切换显示，这就需要测试 APP 在这两种模式下界面显示是否正常。

6. 性能测试

此项测试中，除了速度性能外，还包括内存消耗、流量消耗和电量消耗等方面的测试。

测试工具方面除了 Google 提供的一些工具外，腾讯的 GT 也是比较好的测试工具。

7. 审核测试

目前 APP 在上线时，大多是放在各软件商店里的，方便用户下载使用。各软件商店都会对 APP 设定一些审核要求，只有满足这些条件才允许上架到软件商店里，尤其是 App Store 的要求最严。

APP 的功能开发完成后，测试人员就可按 APP 要上架的软件商店的审核要求对 APP 进行测试。

第34章　项目管理

34.1 项目团队成员

一个完整的 APP 研发团队应该包括以下成员。

- 产品经理：明确产品需求，提供产品原型。
- 设计人员：根据产品经理的原型，设计效果图和切图。
- 开发人员：编码实现具体功能。
- 接口开发人员：提供服务器端的接口给 APP 调用。
- 测试人员：测试 APP 和接口。
- 项目经理：制订项目计划，组织和协调各成员共同完成 APP 的开发。

许多小公司为了节约成本，没有专职的测试人员和项目经理，让开发兼测试，产品经理兼项目经理。项目经理可以让产品经理兼，但测试人员还是不能少，让开发人员兼测试是无法保证产品质量的。

34.2 需求处理

软件需求工作贯穿于整个软件项目过程中，从立项评估阶段到开发阶段，乃至到了上线阶段都会涉及。

软件项目的特点是需求多变，要有服务意识，以客户（包括产品经理、UI 设计等公司内部客户和公司外部客户）需求为导向，满足客户多变的需求。

在项目初期尽快开发一个 Demo 版本，提供给客户做详细评估。

对于工作量较大或难点功能，要细化分解，分步骤分阶段实现。

在开发过程中，和客户多交流和实时互动，力求在需求方面对客户进行积极的引导工作，以便更有效地完成开发工作（如果客户要求的某种功能难以做到，可以引导客户换种方式实现）。

在开发过程中，要实时发布版本，以便能够尽快反馈客户需求，让客户能够看到更多阶段性成果，以打消对方的疑虑，获得对方的理解和信任。

有时会遇到对于某个功能开发人员的理解并不完全符合客户的需求，这就需要在功能开发过程中提供版本给客户，而不是全部完成开发后再给客户确认，可以在做的过程中发现理解的偏差，提早纠正，减少资源的浪费。

对于客户的需求，如果不想做，不能直接拒绝，而是要给客户分析下实现这个需求导致的成本增加、进度延误和质量隐患等风险，提供风险评估给客户。

对于一些特殊的需求，可以要求客户提供参考软件，按照参考软件的实现方式开发。

在开发阶段，客户往往通过邮件的形式不断提出需求，最好是要求客户把需求写在文档中，以文档的形式方便保存和汇总。

在项目开发过程中，需要客户方指定一个需求输出的总接口人，不要政出多门，影响沟通效率。

最好能和客户确定一个锁定需求的时间点，也就是过了这个时间点，如果客户再提新需求，需要重新制订项目进度计划。

34.3　进度计划

进度计划的制订需要考虑如下因素。

（1）确定项目需求和工作范围后，要根据以下信息，确定软件进度计划。

- 客户或其他部门提供资源的时间点。
- 测试部门、客户和试用人员每测试一个版本的测试周期。
- 项目组的人力资源状况。
- 国定节假日。

除此之外，还需要和测试负责人及客户方一起核对，最终达成一致，保证进度计划得到各方认可。

在制定进度计划时，最好要预留一个版本的时间 buffer，以应对突发情况。

（2）在制定计划时，要根据产品原型和设计效果图先确定需要后台接口开发人员提供哪些接口给 APP。明确接口的开发计划后，再确定 APP 的开发计划。

某个功能的接口开发及接口测试完成时间应该至少在 APP 开始此功能的开发前一天完成。如果接口和 APP 的开发同时进行，就变成了测试驱动开发，让 APP 的开发人员测试接口，严重影响 APP 开发人员的效率。

（3）iOS 的开发工具 Xcode 比 Android 的开发工具 Android Studio 的效率高许多，Xcode 的编译速度和模拟器的运行速度也都比 Android Studio 的快许多，Android 开发比还要比 iOS 开发多做许多兼容性适配工作。

在人员数量一样、开发水平相近的情况下，Android 的开发进度可以稍微比 iOS 的开发进度滞后些。如果要两者的开发进度一样，最好 Android 的开发人员比 iOS 的开发人员多一些。

（4）除了业务功能外，在软件上线后产品和运营人员想要了解哪些统计数据，需要在制定产品需求和项目计划的时候也将其考虑在内。

（5）在制订计划时，需要把测试人员按 APP 上架软件商店的审核要求对 APP 进行测试的时间考虑在内。

如 iOS 的进度计划里就需要增加按苹果软件商店的审核要求自测的时间，且 iOS APP 的进度计划要比 Android APP 提前完成，预留通过苹果公司审核的时间，以便 iOS APP 可以和 Android APP 同时上线。

（6）在制订计划时，除了考虑内部测试时间外，还要考虑公测时间。在正式上线前，先挑选一些有代表性的客户试用，等解决了这些客户反馈的问题后再正式上线，大面积推广。

第35章 Git使用

35.1 Git工具简介

常用的代码管理工具是 SVN 和 Git。Git 相比 SVN，一个好处是可以脱离服务器，在本地记录代码的变更；且由于 Github 的缘故，越来越多的开发人员开始使用 Git 管理代码。

Git 既可以通过命令行方式使用，也可以通过图形化工具使用，建议从图形化工具入手掌握 Git 的使用，不用记住各种各样的命令，也可以少犯许多错误。

35.1.1 客户端工具

Windows 电脑上的 Git 工具建议用 TortoiseGit/SourceTree。

Mac 电脑上的 Git 工具建议用 SourceTree。

Android Studio 也集成了 Git 工具，这个工具在提交修改文件的时候，默认把所有修改的文件都选中，导致常常把不必提交的修改文件也提交到服务器了，而且还不能直接查看修改内容。

在安装 Windows 系统的计算机上安装了 Git 后，点击鼠标右键，会在菜单中看到两个 Git 工具条菜单。

```
Git GUI Here
Git Bash Here
```

Git GUI 可以用来提交修改文件，Git Bash 就是 Git 的命令行窗口。

运行 Git GUI，显示如图 35-1 所示的界面。

图35-1

左上部分的窗口列出了所有改动的文件，选中一个文件，在右上部分的窗口中列出了改动的内容。如果想提交某个文件，单击文件路径左边的小图标，文件会移动到左下部分的窗口，如图 35-2 所示。

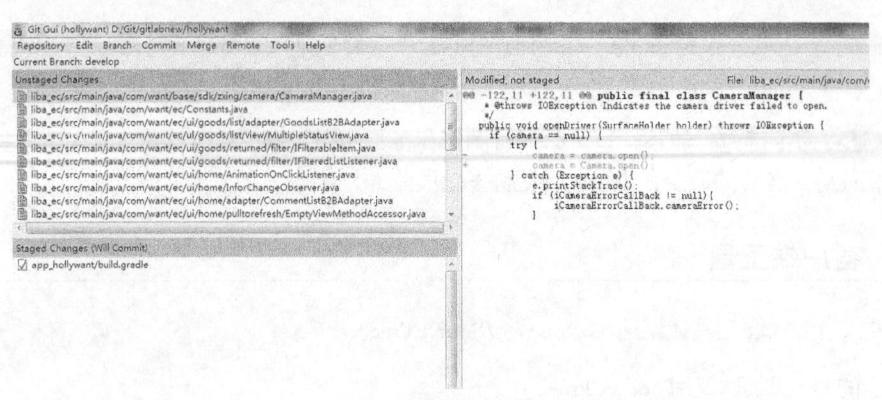

图35-2

此时，先在 Commit Message 窗口中填写提交说明，然后单击右下窗口的 Commit 按钮，再单击 Push 按钮，就把文件提交到服务器了。

如果想取消选择的文件，可以点击文件路径左边的勾号图标，文件会自动移动到左上部分的窗口。

使用 Git GUI 可以有效避免把不必要的文件提交到服务器，并且可以很方便地看到修改的内容。

使用 Git，合并不同分支的代码算是比较麻烦的操作，尤其是使用命令行操作的时候，但用工具操作就很方便，具体步骤如下所述。

- 在 Windows 电脑上，选中工程文件。然后单击鼠标右键，选择 TortoiseGit—>Merge，显示如图 35-3 所示的界面。

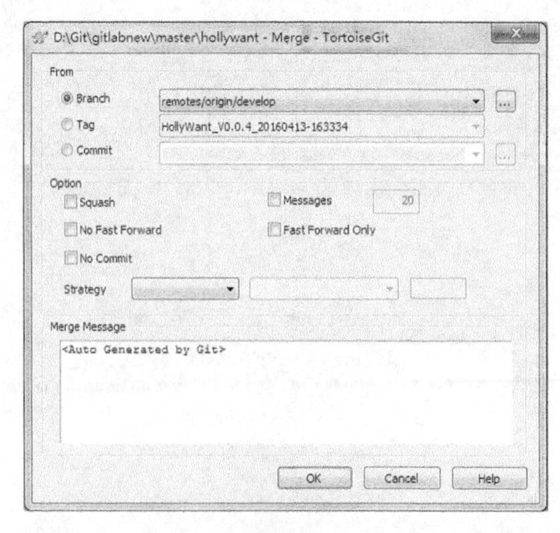

图35-3

- 可以选择合并某个分支的全部修改、某个 Tag 对应的修改或某个 Commit 到当前分支。

在 MAC 电脑上使用 SourceTree 工具合并分支也很方便，具体步骤如下所述。

- 单击 SourceTree 上部的合并按钮后，显示如图 35-4 所示的界面。

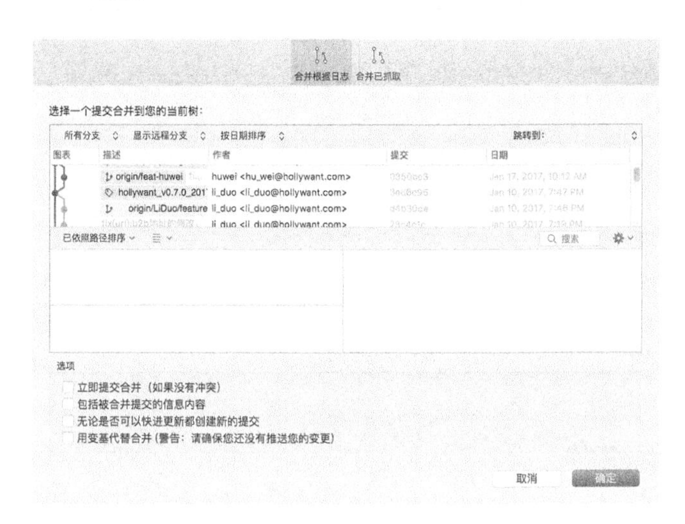

图35-4

- 默认是选中合并根据日志按钮，此时可选择合并某个 Commit 到当前分支。
- 单击合并已抓取按钮，显示如图 35-5 所示的界面。

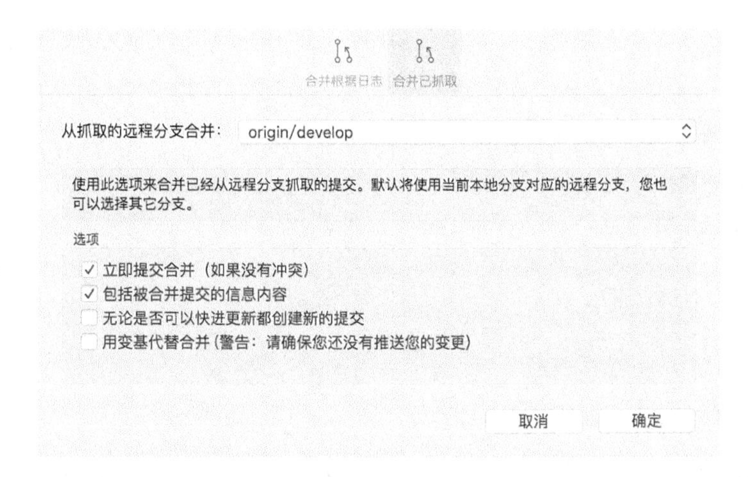

图35-5

可以选择某个分支的全部修改合并到当前分支。

35.1.2　服务器端工具

服务器端工具建议使用 Gitlab，其功能强大、使用方便。使用 Gitlab，可以很方便地在服务器端进行以下操作。

- 不通过客户端，直接添加文件和文件夹到服务器。
- 查看提交日志和每次提交的修改内容。
- 建立和删除分支。
- 不同分支间合并代码。
- 增加 Tag。
- 不通过客户端，直接从服务器下载每个分支的代码。

35.2　Git常用命令

- git config：查询和修改配置，如 Git 账号的用户名和密码。
- git clone：从代码服务器克隆代码到本机。
- git checkout：检出到工作区、切换或创建分支。
- git branch：分支管理。
- git add：把修改添加至暂存区。
- git commit：提交修改。
- git push：把本地修改提交到服务器端。
- git log：显示提交日志。
- git revert：回滚之前的提交。
- git rm：删除文件。
- git merge：分支合并。
- git pull：从服务器端拉取代码。
- git tag：增加 Tag。

35.3 使用Git的注意事项

使用 Git 需要注意以下两点。

（1）建立好 Git 工程后，建议首先要在工程的根目录下配置好 .gitignore 文件。这个文件用于过滤不需要提交到服务器端的文件，内容示例如下。

```
*.iml
/local.properties
/.idea
.DS_Store
/build
/captures
gradle-app.setting
gradle.properties
```

在 .gitignore 文件中增加了这些内容后，即使用户提交了这些文件或文件夹，Git 工具会自动过滤这些文件，避免了无用的文件被提交到代码服务器。

（2）如果客户端工具使用的是 SourceTree，建议建立分支的时候，分支名称最好按如下格式命名。

```
名称+ "/"+名称
```

SourceTree 会自动以“/”按层级树状结构显示分支，这样看起来非常清晰，如图 35-6 所示。

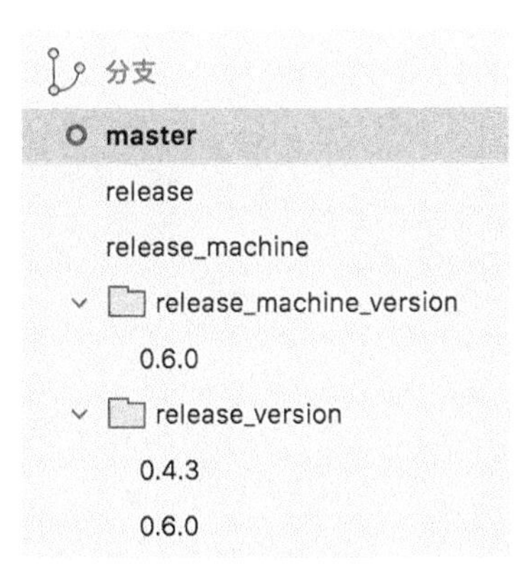

图35-6

这里只显示了两级，分支名称中也可以包含多个“/”，形成多级的树状结构。